风味人间

ONCE UPON
A BITE

第五季

香料传奇

陈晓卿　刘殊同——主编

青岛出版集团 | 青岛出版社

图书在版编目（CIP）数据

风味人间. 香料传奇 / 陈晓卿, 刘殊同主编.

青岛 : 青岛出版社, 2025. -- ISBN 978-7-5736-3305-7

Ⅰ. TS971.202

中国国家版本馆CIP数据核字第20252HB776号

FENGWEI RENJIAN · XIANGLIAO CHUANQI

书　　名	风味人间·香料传奇
主　　编	陈晓卿　刘殊同
出版发行	青岛出版社
社　　址	青岛市崂山区海尔路182号（266061）
本社网址	http://www.qdpub.com
邮购电话	0532-68068091
策划编辑	周鸿媛
责任编辑	刘　倩　肖　雷
特约编辑	王　燕
装帧设计	毛　木　曹雨晨　叶德永
印　　刷	青岛海蓝印刷有限责任公司
出版日期	2025年4月第1版　2025年4月第1次印刷
开　　本	16开（890mm×1240mm）
印　　张	18
字　　数	262千
图　　数	467
书　　号	ISBN 978-7-5736-3305-7
定　　价	68.00元

编校质量、盗版监督服务电话：4006532017　0532-68068050

目　录

風味人間

ONCE UPON
A BITE

03 花叶奇缘

04 秘香寻踪

05 果味迷宫

06 葱蒜之交

CONTENTS

風味人間
ONCE UPON
A BITE

07 问香何处

* 本书在成书过程中，对纪录片《风味人间 5·香料传奇》的字幕进行了文字加工。

阅尽香料世界，重归五味中国

陈晓卿

《香料传奇》是《风味人间》系列纪录片的第五季，历经多年的筹备和两年半的制作，终于在去年年末正式上线。这次，我们团队选择了在餐桌上不显山不露水的幕后功臣——香料作为主角。

《香料传奇》创作缘起

《风味人间》系列从第三季起，每季都有一个统摄全篇的主题。《大海小鲜》带领大家品尝中国绵长海岸线上的各种海味，《谷物星球》一窥人类和谷物的故事。第五季的主题选择香料，原因主要有三点：

第一，香料是自然的神奇馈赠。花、叶、果、茎和根等部位里的芳香有机物原本是帮植物传递讯息、吸引益友帮助授粉，或抵御害虫、警告外界威胁者等，却意外为人类所用，造就了千差万别、多姿多彩的美味。

从一颗种子的萌发到成熟，从人类的采集到加工，再到烹饪的火候和配料，香气分子不断经历各种反应，而风味演变的漫长旅途充满随机与偶然。香料故事，是人类取用自然材料时灵光乍现、奇遇不断的故事。

第二，香料是点亮人类文明史的火把。香料虽浓缩了多种芳香物质，但大都不能提供营养。香料和调味的智慧，起始于人类农耕文明的诞生。在采集狩猎时期，繁杂多样的食材曾让人类祖先锻炼出强大的嗅觉和味觉，除了五种味道以外，还能辨别数千种气味。进入农耕时代后，迅速减少的食物种类与依然敏锐的感官能力形成巨大落差。此时，香料发挥了至关重要的作用：单调乏味的饮食，因香料的加入瞬间活色生香。香料故事，也是人类走出洪荒岁月、点燃人间烟火的故事。

其实，在超市货架上、厨房里的每一罐调料，都是一部历史巨著。像胡椒这样的小小籽实，却能影响人类航海文明的进程。早在一些西方航海家发现好望角之前，在印度洋就已经因为香料形成了一张海上贸易网络。如今，在历史上曾千金不换的珍稀香料，都能利用全球市场的渠道汇于一碗家常的浓汤之中。

第三，记录香料还有其现实意义。在过去的一个世纪里，人类能尝到的食物风味再次发生巨变。许多食材被高度加工，添加了化学制剂和合成香料。而天然香料，一部分在历史上备受追捧，如今却被束之高阁，甚至变得鲜为人知；还有一些则生命力依旧，源源不断地激发人们探索风味边界的想象力。记录时代故事的起承转合，是我们纪录片人的职责所在。

纪录片的长尾效应

《风味人间》系列自第一季开播以来，已经走过 6 个年头。作为美食纪录片领域里比较成熟的品牌，我们拥有很多忠实观众，每年都守在屏幕前"催更"。但另一方面，观众的口味也在不断提升，节目带来的边际效应在递减。

近年来传播生态也发生了转变，随着手机等移动端的使用率大幅增加，获取信息的难度和制作内容的门槛都在下降。我们也必须与时俱进，做出更多变化。其中一个是调整姿态。减少说教，始终做"讲故事"的纪录片。许多观众都发现，《风味人间》这一季的旁白比之前更加浅显，也更口语化。

另一方面，借鉴短视频在互动性和娱乐性上的优势，在香料登场前，为每一种香料打造了"人设",不仅有物理上的精确描述,还有性格描摹,便于观众感知。此外,对于国内观众熟知的香料,还有意识地进行了"留白"处理。上线后,这些预留的"弹幕点"果然被添加了有趣的文字。应该说,是我们和观众一同携手完成了节目创作。

与此同时,我们也有对内容创作的执着。首先,团队始终坚持长期主义理念,尊重创作规律,深耕垂直领域。这次第五季的拍摄制作,我们整体加大调研力度,在一个时长8分钟的分集故事上,从初期调研到最后成片要经历数十版修改。"聪明人下笨功夫",在我看来,创作纪录片也是积累和学习的过程。

其次,坚持画面语言的创新。每一季,我们都在坚持给观众带来一些新的感官体验。我们第一次大规模精细地拍摄香料植物的生长阶段,借助超高速、微距、延时等各种摄影手段,以及CG动画(全称为"Computer Graphics Animation",即计算机生成动画,是一种运用计算机技术制作的动画形式)呈现了不同的视觉奇观。在"翻译"香料不可见的味道和气味上,我们首次运用了象征蒙太奇的手法,比如用水滴、电流的震颤,模拟50赫兹的麻辣感受。这种手法配合音乐,在表现上更自由、更具作品感,在行业内更具辨识度。

第三,在生活里发现美。纪录片之美,离不开"真实"二字。第五季总导演刘殊同,此前长期从事现实类题材的纪录片的拍摄,对现场的内容捕捉非常敏锐,尤其是意外出现但生动自然的细节,他自有一套记录的心得。

所以,我们才能在影片中看到,在墨西哥的一座庄园里,种植可可的夫妇俩理发的场景。两人相濡以沫,对话自如,就像摄影机不在场一样。让生活像生活本身一样流淌,又让生活像诗一样展开,这是本季节目打动观众的原因,也是纪录片的魅力所在。

种豆得豆,种瓜得瓜。这次《风味人间》第五季《香料传奇》在腾讯视频独家首播,站内热度破15000,蝉联腾讯视频纪录片热播榜、美食纪录片榜、国产纪录片榜TOP1("首位""第一"的意思),豆瓣开分高达9.2分,也从一个侧面回馈了团队的付出。

世界正在变小，如何讲好中国故事

国与国、民族与民族之间的沟通和交流不断深化，这是大势所趋。《风味人间5·香料传奇》在海外拍摄的比例已经超过50%。这当然有许多香料原产地都在国外的原因，但迥异的生活习惯和相同的情感也是国内观众的收看需求。

曾几何时，拍摄全球题材纪录片，似乎还是BBC、NHK的"专利"。而现在，中国团队也可以做"国际大片"。这不得不说是时代的红利，离不开中国综合国力的增强和文化自信的建立。

参差多态是世界美好之源，发现这些美好是《风味人间》系列一向坚持的宗旨。所谓国际视野下的中国故事，就是通过世界饮食的不同，找到新的切入点来审视中国的饮食文化，在文化的差异性中找到共性，找到文明的最大公约数。

在整理全篇的时候，我们发现几乎国外所有重要的香料，都能在中国找到类似的"亲戚"：比如德国黑麦面包中用来调和酸味的葛缕子，就是中国小茴香和孜然的远亲；法餐中的精细香料龙蒿，其实就是中国新疆牧区的"麻烈烈"。

可能在很多人心目中，发达国家的餐食会比我们更"讲究"，但如果循着香料的路径，我们能看到中国普通的大葱是怎样让日本人爱不释口的，而寻常的大蒜又是怎样让法国人如醉如痴的。意大利人奉为"调味神器"的罗勒，中国潮汕人用它来炒薄壳米；河南人随手加入的一把罗勒，让一碗汤面陡然有了"神性"。

所以，食物是平等的，无所谓高下。

纪录片里，还有很多人类与自然共生的和谐之美。这些和谐之美不仅展现了自然的博大，也衬托了人类的勇敢和勤劳。在北极圈的苦寒之地，欧洲最后的游牧民族听从自然的召唤，与庞大鹿群共同迁徙；山崖壁立，脚下波涛怒吼，云南怒江岸边的人们，仅凭一道溜索就输送了全球近一半产量的草果。这些壮美的画面，令人深感地球是全世界各民族共同的家园。

如何在纷繁的国际故事里凸显中国食物的美好，仅有关联还是不够。我们还找到了许多温情的瞬间。比如，孩童与香料一起在家人的呵护下茁壮成长，兄弟之间手足互助，老母亲和儿子相依相伴。这些人类的共同情感，哪怕远隔天涯，本质上都是相通的。

当然，中国人的情感表达和其他民族相比，在相通中又有差异。比如热情的墨西哥农场主，为正在烹饪的妻子披上围巾时，妻子随手将锅中的菜肴递到了他的嘴边，两人之间的浓情蜜意溢于言表。而太行山麓的一对老夫妇在柿子树下，一边拌嘴，一边把农活干完。中国人夫妻间内敛的情愫，也让读者心领神会。

在书中，我们能看到许多这样的"中国场景"，里面的人物温厚、坚韧、和善、聪颖、可爱，这可能就是我心目中的中国故事。

食物是有国籍却没有国界的存在，它能让我们温暖彼此，能让我们心意相通。山川日月同辉，环球同此凉热。美食是人与人之间交流和理解最好，也是最美味的桥梁。

《风味人间》第五季播出接近尾声之时，恰逢中国农历新年即将到来，彼时我拟了一副春联送给团队的同事，也在这里分享给大家："香料世界繁华阅尽，五味中国温暖回归。"

01

小粒
英雄

亿万年，植物漫长的进化，
留下了牵动风味的引擎。
香料，
用澎湃的芬芳为我们打开全新的世界。
它刺穿人类的欲望，掀起世界的波澜，
甚至影响文明的走向。
我们不妨拈起一枚小小籽实，
讲一个有香气的故事。

壹│斯里兰卡胡椒

为了它，人类克服了对海洋的恐惧

📍 **斯里兰卡 中央省 拉克格勒山**

在斯里兰卡中部山区，旱季刚刚到来。当地村民纳瓦拉那·班达挥舞着砍刀，只见他手起刀落，一棵芭蕉树便应声倒下。班达将芭蕉树干剥皮，简单处理后扛在了肩上。

芭蕉树富含水分，班达用它为一种藤本作物保湿。这种作物就是胡椒。现在，胡椒绿色的浆果已经密结成串。阳光透过层层密密的树叶，照耀在果实上。班达

胡椒 ◎

知道，胡椒即将成熟。

班达家种有 5000 株胡椒，不等它们完全成熟，就要开始采摘工作。一家人齐装上阵，班达走在队伍的最前端，他招呼道："去干活的时候得走快点儿！"大家用麻绳将长长的竹竿捆绑、固定——一架天然的梯子就制成了，它也是采摘胡椒果实的利器。班达站在梯子上，一边采摘，一边将浆果收进随身携带的麻布袋里。

新鲜浆果如果直接吃，会有草叶、薄荷的清新口感。它微辣，可以提振食欲。班达一家用它制成了青胡椒柠檬泡菜。山谷里的一百多户人家都以种植胡椒为生。每年收获季，他们都要举行感恩仪式。

班达说："斯里兰卡在历史上曾爆发过大饥荒，当时有许多人逃到了这里。之后人们就开始种植胡椒了。现在，它是我们主要的收入来源。"

2000 年前，斯里兰卡人掌握了胡椒种植技术。这种只能在热带生长的浆果，带皮干制，就是黑胡椒。

📍 斯里兰卡　中央省　康缇市

斯里兰卡以出产香料闻名。在当地的传统节日"佛牙节"上，大象、舞者、焰火仿佛在共同讲述着胡椒与世界初遇时的欢愉。

黑胡椒，世界性香料，当年它从南亚出发，抵达世界各地。为了它，人类克服了对海洋的恐惧，也影响了世界香料的走向。在中世纪的欧洲，它甚至是财富的象征。独特的风味和昂贵的价格，让它一度拥有众多高仿替身——粉红胡椒（也称"巴西胡椒"）、绿胡椒、荜澄茄（即"带尾巴的胡椒"）、长胡椒（又称"荜茇"）等，但最终，胡椒仍是当之无愧的香料之王。

胡椒之所以能风靡全球，在于它调味范围的广泛性。

水煮整颗胡椒会持续释放辛辣味。但将胡椒研磨成粉，就会带有甘草、松木的芳香气。用它烹饪海味，可以去腥提鲜，以微辣唤醒味蕾。用它辅佐陆地食材，以芳香激浊扬清。它拥有柑橘类果味的前调，可以瞬间让生冷食物充满诱惑。黑胡椒最经典的用法，还是搭配煎牛排，胡椒无论是与主食材搭配还是与酱汁结合，默契都自不待言。

　　山林间，生长活动还在继续。随着胡椒果实的颜色从绿色变为红色，辛辣的胡椒碱的含量成倍增加，果核也逐渐坚硬。熟透的红胡椒果实，班达另有用途。

　　传统的胡椒加工方法是借助流水持续浸泡红胡椒果实。这种方法的加工过程虽然耗时费力，但是能为班达带来更高的收益。7 天后，浸泡后的红胡椒果实外皮变得松软，更容易脱落。用手轻轻揉搓它，就能得到饱满的果核。红胡椒果实失去外皮后，虽然辛辣感有所减弱，但是更耐存储，也更美观。将去皮的红胡椒果实晒干，就得到了中国人更熟悉的白胡椒。

1 红胡椒　　2 白胡椒

贰｜河南胡辣汤　万千滋味汇聚一锅

📍 河南　郑州

搅动世界的香料之王，在中国神奇地捆绑了一个物流大省。

凌晨三点，高老大的胡辣汤店准时开门。老板高俊岭正和街坊、客人讨论着国际局势。胸怀世界的老高，此刻更关注眼前这口大锅。老高将大骨放入特制的锅中，开大火，倒入高汤，火焰蒸腾起的热气氤氲在灶间，汤勺翻转间肉香弥漫。

老高从 16 岁开始做早餐生意，40 多年在河南一路辗转，从老家周口出发，最终落脚在省城郑州。老高说道："我为啥喜欢郑州，落户落到这来呢？郑州人可简单，先交钱后吃饭。外面的木耳给我端过来一捆！你看，现钱卖现货可带劲儿！提起挣钱这件事我就开心。"谈笑间，胡辣汤已经初现诱人的香气。

将汤盛入小碗里，嗦一口，老高自己也忍不住大赞自己的手艺："带劲儿！"转身，老高就投入到早餐的制作中，他高喊道："掂汤。"听到老高的"号子"，在外间的店员也唱起了"起汤——起汤——"。

"一碗汤，一碗豆沫，两个肉包子，一共 18 元。"前一位顾客刚点完单，店员马上问下一位顾客："你们喝什么汤啊，乖？"排队的人实在是太多了，店员点餐之余还得维持秩序："排队，从后面往前买。谢谢，排队的人多，大家理解一下。"

老高经营的就是在河南几乎是无人不知的胡辣汤店。

对河南人来说，早餐有两种——胡辣汤与其他。好的胡辣汤店，也分两类——自家楼下和其他地方的。一碗热汤下肚，就像给河南人充上一整天满格的电。

每家胡辣汤店的老板，都有自己的秘方。老高的方法是将 20 多种香料按比例混合，一起炒制来激活它们的芳香，再将它们磨成粉。这种复合香料粉，行业内统称为"大"料。熬制一锅胡辣汤，需要添加一斤"大"料，如此可制出 300 碗的汤底。

"大"料撒入汤汁开得正盛的锅中，一点点陷入汤中，融入后汤底变了色。老高说："这一锅是牛肉的，麻辣香。离了胡椒，它就不叫胡辣汤。"

相比黑胡椒"耿直"的辛辣，白胡椒多了几分"圆融"。白胡椒一颗颗涌进打磨机中，开启机器，它们在一个封闭的世界里舞蹈。一曲终毕，白胡椒以白胡椒粉的状态出现在人们面前。细如微尘的颗粒，呼吸间都能感受到它的热辣浓郁，磨成粉也方便融入汤汁中。胡辣汤出锅前，老高会再用白胡椒粉做最后一次增味。

万千滋味汇聚一锅，透着白胡椒的温暖辛香。饱满的香料、浓稠的汤羹，它是最狠的主食杀手。不管面食怎么花样百出，不变的都是一碗胡辣汤。

◎ 白汁河豚

香不见料，辣不见椒。一碗胡辣汤下肚，喝下半个香料世界。

白胡椒也是中餐烹饪的幕后英雄，几乎所有菜系处理河鲜都离不开它。苏州名菜白汁河豚，就是最好的例子。如果说，黑胡椒是爆发力极强的短跑选手，白胡椒的长处则是耐力，可以持久、稳定地散发香味物质。待汤汁浓白，白胡椒抽身而去，只留下迷人的辛香。

除了胡椒，我们饮食中的每一种香料都经历过祖先的反复挑选。自带独特芳香的小粒籽实，就像组成风味宇宙的原子，蕴藏着超乎想象的能量。人类味觉感受到的滋味，不过区区几种，而嗅觉能分辨出的气味，则多达数千种。

厨房中撒下一把香料，顷刻间，便能召唤出埋伏在风味世界里的千军万马。

叁|肉豆蔻
寻找香料最初进入人类饮食的使命

📍 印度尼西亚 马鲁古 班达巴萨岛

西太平洋，火山形成一系列岛屿。热带丛林相当"内卷"，植物生长稍有迟疑就会被其他植物埋没。

微镜头下，成熟的香料果壳裂开——如同在黄色的大地上皲裂出一道峡谷——

露出内里红色炙热的果实。接下来出场的这种香料，必须亮出它的绝招。

班达岛的空气湿度，常年在 70% 以上。人们等待阵雨过去，空气中弥漫的芬芳告诉沙鲁尔，采摘应该开始了。

虽然沙鲁尔今年 72 岁了，但是他依然是岛上的攀爬高手。他在一种香料树间，轻松地跳跃，身姿矫健。他一辈子都在与这种香料打交道——这就是肉豆蔻，曾经让欧洲人趋之若鹜。最疯狂时，它在英国的售价是其原产地的 680 倍。

1　肉豆蔻的假种皮
2　沙鲁尔·闪瓦鲁

◎ 肉豆蔻

◎ 假种皮荷兰派

肉豆蔻艳丽的网兜是假种皮，引诱动物传播种子，香气细腻甜美，人类也无法抵抗它的诱惑。

相比果核，假种皮更加脆弱、稀有。在中世纪的欧洲，它像奢侈品，在甜点中炫耀着香气。今天的荷兰派里，依然看得到它的身影。

班达岛，这座遥远的东方海岛，因为有肉豆蔻，成为寄托欧洲人热望的"香料群岛"。

印度尼西亚的泗水海关市场，100 多年前曾经是全球香料交易中心。如今，纵横四海的商船渐行渐远，只剩下日常里人们的精打细算。

不过，今天在这里，我们还能见到肉豆蔻的原住民用法。

当地颇具盛名的"五香鱼"，使用的是没有完全成熟的肉豆蔻的青果。用这种青果来做五香鱼，新鲜果肉会为海鱼带来柑橘、薄荷的清新味道，就像成熟的肉豆蔻的前调。大部分香料并不提供营养，但可以振奋人的食欲，让吃饭这件事不再单调。而这，也是香料最初进入人类饮食的使命。

肉豆蔻的风味集中在籽实。它的气息，让人联想到松脂、樟木，又带有辛辣。轻微致幻的特性，更为它蒙上一层神秘色彩。剥离外壳，富含芳香精油的果仁才是它的精华所在。厨师看中它亲和油脂、渗透赋香的特点，用它制作炭烤牛骨髓。在炭火的助力下，香气喷薄而出，甜中带辛，就像叠加辣感的八角，增添了浓郁复杂的风味。

雨林茂密，枝头上还会有层出不穷的鲜艳果子。今天的收获颇丰，沙鲁尔情不自禁地带领孩子唱起了歌："再会，再会，我们回家见……"歌声里，那纯粹的愉悦之情，洋溢在每个人的脸庞上。香味里，那些复杂过往，已鲜有人知。

炭烤牛骨髓 ◎

◎ 班达巴萨岛上的风景

肆|云南草果　烟熏的沧桑

📍 **云南省 怒江 资古朵村**

怒江沿岸山崖壁立，溜索过江可以节省一小时的脚程。

落差超过千米的热带峡谷，生长着很多神奇物种。

厚实的云层和高大的乔木，为一种喜阴、亲水的姜科植物提供了天然的屏障。这种姜科植物就是草果。

暗沉的红褐色，标志着草果已经成熟。

◎ 草果

这片山林不适宜耕作，益利娜和丈夫便在 17 年前种下了草果。草果在生长阶段几乎不需要打理，但收获时却很有挑战性。益利娜和丈夫背着竹篓，在丛林里穿梭。这片山林的草果已经收割得差不多了，益利娜提议去河那边看看。丈夫同意了。过河没有路，要趟着石头走。两个人穿着胶鞋，直接就下水了。丈夫走在益利娜前面，他站定在一个大石头上，回身去拉益利娜。"这个石头滑吗？"益利娜问道，并握住了丈夫伸过来的手。"非常滑。我踩哪里，你踩哪里。"丈夫叮嘱道。"走。"两个人拉着手，坚定地走在一起。

15 亩草果田远离村庄，夫妻俩每年都要进山生活一周。虽然山里有诸多辛苦不便，但也有山外体会不到的乐趣。丈夫在参天的竹子上有间隔地砍下几刀，几个手掌大小的"竹洞"便出现在眼前。竹子里涌出清水，丈夫将手伸进去一抓，一把白色的幼虫便出现在手心里。这就是竹虫，有人叫它"蛋白质胶囊"。它的营养十分丰富，干煸一下就是难得的美味。

"好吃！"丈夫忍不住夸赞起益利娜的厨艺。

"竹虫很新鲜，多吃点儿。"益利娜说道。

这是山居生活最美的下饭菜。夫妻二人就地取材，大石头块垒砌的"灶台"上，架起一只超大的方形的锅。烧上柴火，鲜果就变成了"干果"。* 他们每天要采摘几百斤鲜果，就地干制方便运输出山。

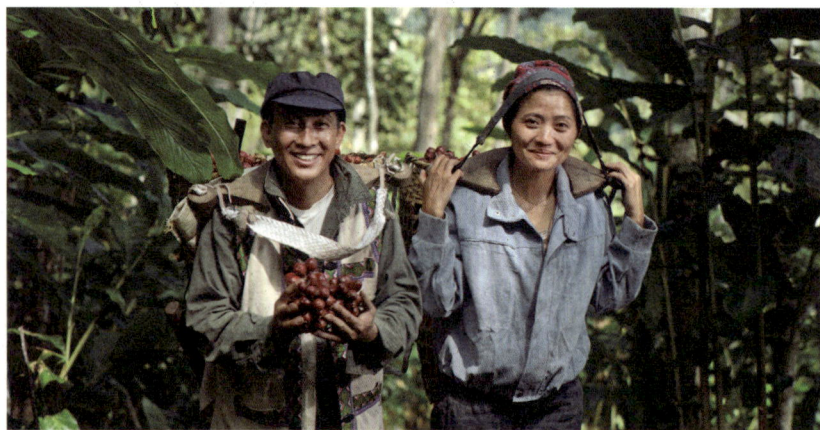

* 纪录片中根据当地习俗如实记录，该行为系生产性用火，符合当地森林防火管理条例。

因为自然条件适宜，怒江两岸的草果产量，几乎占到全球的一半以上。

烘焙的间隙，两人泡上茶，慢慢地品茗。在繁忙的收获季，这是难得的休息时间。

暮色降临，一块块田地都亮起了灯。这是属于云南的另一种"华灯初上"。

山下的加工场面更加壮观。每天十几万斤草果交替烘制，规模宏大。当地人称之为"大烤"。在草果脱水的过程中，各种各样的香味物质逐渐释放并增加。待完全烘干后，留下的椭圆形籽实，就是草果。它既是药材，又是香料。

◎ 大烤后的草果

作为香料，草果的作用虽多，在料理中却很少单独使用。

然而，云南人是个例外。

腊雁鹅，沉淀着时间酝酿出的厚味，皮下脂肪最为诱人。鹅油拌饭，以极简的方式，把草果除腥的功力发挥到极致。

草果粉，带着姜科植物特有的老辣，以及烟熏的沧桑，略加点拨，油腻顿时烟消云散。

益利娜和丈夫将烘干的草果背下山，卖了不少钱。40 多年前，当地才开始种植草果。如今，益利娜一家一多半的收入来自它。

除了是收入的重要来源，草果也是益利娜一家平日饭桌上不可缺少的调味剂。其实，草果的香气并不张扬，也不会夺味，却能在烹饪中提升菜肴的风味。益利娜一家在地上架灶，烧起大火，锅热后抹上油，把鸡剁成大块儿后下锅。须臾后，一家人围坐在矮桌旁，一盘漆油鸡成为他们在丰收后对自己的犒劳。

在中餐烹饪中，草果更重要的作用是"定香"。它能统筹多种香料，不显山不露水，却是风味大船的"压舱石"。正因如此，无论在当地的家庭厨房还是专业领域，草果都备受人们青睐。无论南北卤味还是麻辣火锅，都常有草果的身影。

$\frac{1}{2 \mid 3}$ 1—2 鹅油饭   3 漆油鸡

伍 | 新疆孜然　新疆的气味标签

📍 新疆 吐鲁番 西然木村

从巴扎满载而归的阿巴大叔，今天的收获是一只两岁大的托克逊黑羊。

火焰山，中国的热极。风沙和热浪，对于绿洲中植物的生长来说是个极大的考验。入夜，气温骤降20℃，水汽重新凝结。一种伞科植物，捕捉到了空气中的水分。生命开始绽放。开花和灌浆同时进行，这就是我们熟悉的孜然——世界第二大香料作物。

阿巴大叔种了七亩孜然。此时他最关心的，是它今年的价格。"孜然价格怎么样？"阿巴大叔在电话里问道，"是四十三块五收货，对吧？"对方回答："是四十三块五。"听到价格不错，阿巴大叔的脸上露出了满意的笑容。

孜然不仅是阿巴大叔一家重要的收入来源，平日里的饮食也离不开它。今天，老伴儿做了拌面。新疆饮食，融合了农耕民族和游牧民族的特点。拉条子下锅，羊肉爆香，孜然便登场了。将孜然捣碎，顿时释放出愉悦的草本气息。只需撒入一小撮，整个小院都闻得见香味。

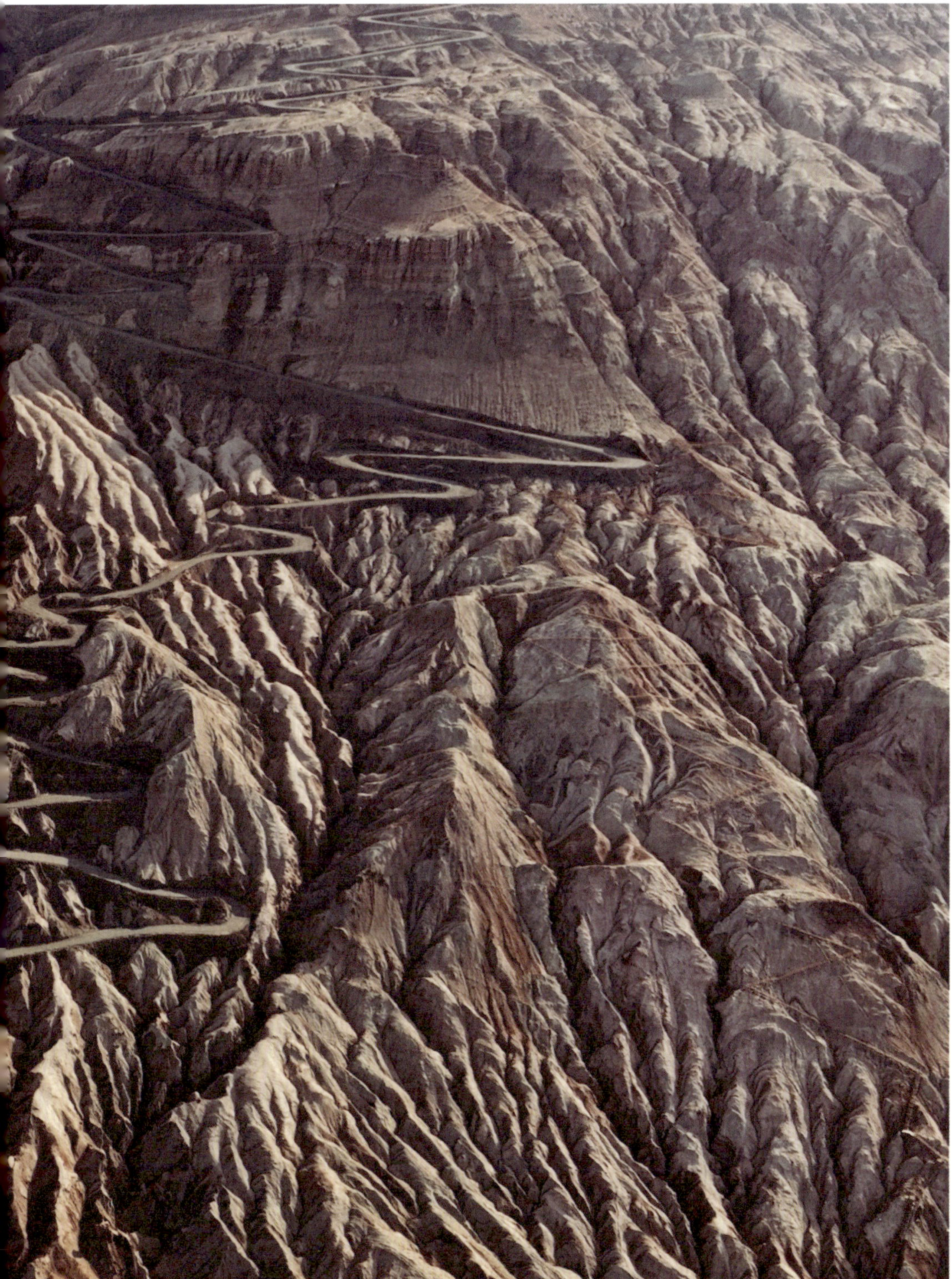

充足的阳光和巨大的昼夜温差，使得孜然香气累积得特别充分。孜然成熟时极易脱落，找准采摘时机，才能有好的收成。

阿巴大叔带着家人一起来到地里，他自言自语道："这里的孜然长得好，所有的孜然都这样就好了。"还在咿呀学语的小孙子跟着喊了几声，不知道在发表什么见解。阿巴大叔亲吻着他，说道："你可真厉害……"见阿巴大叔已经满头大汗，孙女忙送来一杯水。阿巴大叔接过，满脸堆笑地说："谢谢我的孙女。"

孜然闻起来有薄荷的清凉，吃起来还有适口的辛麻——这都来自它丰沛的精油含量。

食物在锅中颠簸，恰似乾坤翻转，不同地域对味道有不同的理解。"吐鲁番的天气再热，都没有兄弟的心热。"在新疆街头，一家 20 多年的老字号餐饮店门前，热情的店员正在招揽客人。

如果气味有地域的划分，那新疆的气味标签无疑就是孜然味了。循着这种香味，总能准确找到美食的汇聚之处。

阿巴大叔将集市上买来的那只羊宰好，挂在了树上。本地羊肉是新疆人的骄傲。天山南北，各有特色。其中的脂肪酸，让羊肉风味浓郁，但也让少数人望而却步。还好，有孜然帮忙。

　　阿巴大叔烤羊肉的炭火，烧在就地搭建起来的石炉上。石炉的宽度刚好可以放下羊肉串，看得出是为烧烤羊肉而特意准备的。孩子们撅着屁股围在石炉旁，孜然的加入让美味更值得他们期待。高温下，孜然的挥发性香味物质开始释放，这种高亢、类似坚果的香气，给肥美的羊肉镶上了阳光一样的金边。

　　暮色降临，羊肉烤好了，阿巴大叔一家围坐在一起，享受着孜然赋予的美味。新疆从唐代开始种植孜然，如今，凌厉直白的香气早已成了这里最家常的味道。

◎ 孜然羊肉串

陆|大、小茴香　传递天高地阔的草原风味

在中餐烹饪里，孜然带有鲜明的西北风格。厨师用它制作羊肠包肉，为的是传递天高地阔的草原风味。其实，中原传统饮食里，也有类似的小粒存在。比如，常见的八角茴香、孜然、小茴香。

从香型的角度说，"茴"香是个名门望族，而我们了解的无非是大茴香、小茴香这些常见的香料，其中小茴香与孜然外形极为相似。

小茴香温和甜美，不宜直接火烤。厨师用肚包肉的方式，结合叫花鸡的工艺进行制作。长时间"水火相济"，诞生更细腻的风味变奏。

孜然和小茴香，一个火炙，一个汽烹，把羊肉调教得服服帖帖。

◎ 叫花肚包肉

柒 | 葛缕子　德国香料的代名词

📍 德国 巴伐利亚州

　　远离热带又极少出产香料的欧洲，也有孜然的远亲。德国是世界上面包品种最多的国家。然而这里最传统的面包，却是一种难消化的黑麦面包。享用它，需要香料出谋划策。

　　葛缕子，欧洲最早人工培育出的香料之一。在隐约的茴香味道外，它更多了一丝清凉的甜辛。德国人在黑麦面包里发挥了它的潜能。

　　哈拉尔德·曼戈尔德称量好黑麦，将它们用搅拌机和好，加入小麦粉和酸面团发酵。黑麦的蛋白质含量较低，混合小麦粉和酸面团利于发酵，产生的酸味如同阴雨天一般沉郁连绵。这时，葛缕子明媚的香气统领一众小粒加入，问题便迎刃而解。

　　黑麦曾是欧洲第二大谷物，虽然往日风采不再，但在德国，混合了葛缕子的黑面包依然很受欢迎。在这里，面包片可以托起一切，就像中美洲的塔可，地中海的皮塔。在世界香料的版图中，葛缕子是容易被忽视的一员。但在德国，它基本就是香料的代名词。面包、酸菜和香肠几乎没有国界之分，只有加入葛缕子，才算是贴上了德国的标签。

　　和食物丰富的国家相比，德国饮食相对单一。但巴伐利亚人明白，造就当地风味的真正的秘密是这种小粒香料。它让粗犷的食材易于消化，更给单调的饮食增加了风味的层次。

1 酸菜烩香肠　　　2 德式烤猪肘

捌 | 花椒　无辣不欢世界的 C 位

四川 成都

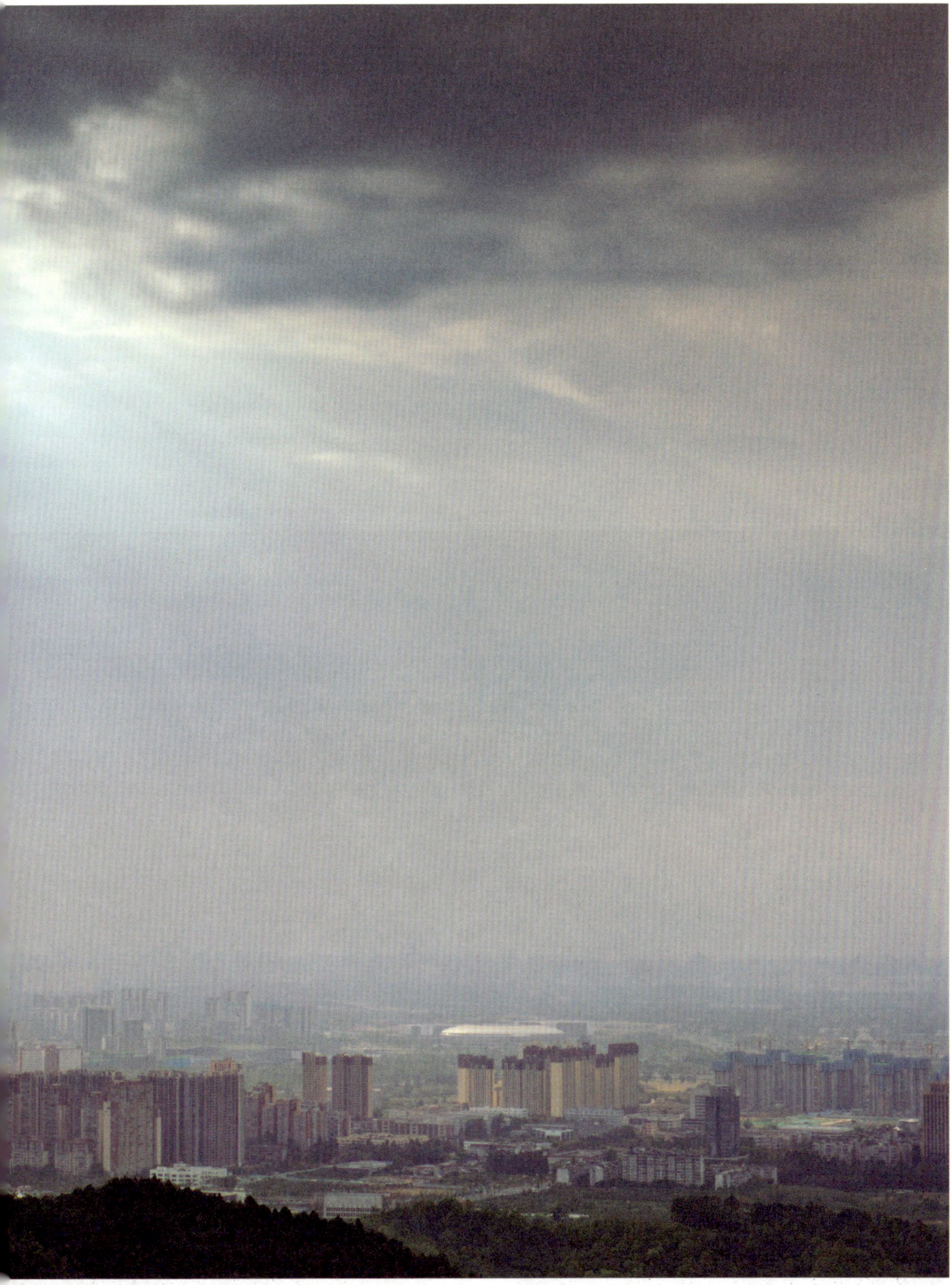

"来，咪咪，过来。"招呼"喵星人"的这位叫李敏，他正用微信在线上进货。"泡豇豆、泡萝卜……腰子要拿稍微新鲜点儿的，还有米，给他们说过了没有？"使用微信支付，让李敏足不出户就完成了食材的采买。

成都是个亲民的城市。一到饭点儿，小餐馆就会从路边"长出来"。这种特有的景象，有人称它为"烟火气"。李敏吆喝道："来两个人，那还能再摆一张桌子嘛……"老李的餐馆主打快炒。一把花椒，热油出香，温油出麻，让所有菜品都有了标志性的外观。

花椒可谓是香料世界的"跳跳糖"。红花椒，麻感持久细密；青花椒，刺痛鲜明，却走位飘忽。二者与辣椒相遇，便是川渝饮食的口味特征——麻辣。

　　这家餐馆的女主人叫谢大侠，年轻时在工厂里因为爱好文艺，与文艺爱好者老李相识。10 年前，他们回到成都，经营这家餐厅。露天的街头，丰盈的锅气，食客的味蕾沉浸在花椒带来的大开大阖中。

　　忙活的空隙，谢大侠在点餐本上画着画。李敏看到妻子在画画，忍不住点评道："灵气少了点儿。"谢大侠有点儿失望，问道："真的啊？""真的，这跟炒菜一样。"老李说完，走向厨房，喊道："翅膀可以捞了吗？好像下了好久了……""是刚刚才下的。"

　　在中国，花椒几乎是历史最久远的干制香料。小小颗粒，给舌尖带来的特殊体验，牵动着独属于中国的味道记忆。

　　"闷墩儿（傻乎乎的意思）。"回到家，谢大侠翻起了老照片，情不自禁地说。"啥子嘛？"老李好奇她在看什么。"你快来看。"谢大侠叫老李一起回顾往日时光。"马上马上。"老李正忙活两个人的吃食，便匆匆地看了一眼。"这都好多年前的照片了……"他不仅感慨。

　　夫妻俩结婚 30 年，风花雪月早已变成柴米油盐。"谢大侠，吃饭了。"老李招呼妻子。"好！"谢大侠应着，却没挪动。"还在那儿看！"老李催促着。"好吃，好好吃。"老李的菜显然比老照片更能俘获妻子。"慢点儿喝，有点儿烫。"老李叮嘱她慢喝热汤。

　　在成都安逸闲适的屋檐下，两个人，一间小店，不事声张，却自在安逸。

玖 | 日本花山椒　婉约的香，缥缈的麻

📍 日本 和歌山县 有田川町

在日本，有一种与花椒极为相近的植物。

这种植物叫山椒，它的果实和花椒一样，可以用作香料。初春，新田一家忙着采摘。不过此时，山椒刚刚结出花蕾，散发着清雅幽远的香气。七天后，这香气将随着花开而消散。日本人把这种花蕾看作过时不候的珍贵香料。

应季的鲷鱼肉质细嫩，厚切轻焯，花山椒奉上细密的微辛，又不夺鱼肉的鲜甜。烫煮花蕾，热力催生微麻，肥美的鳗鱼也不再腻口，让人食指大动。

山椒与花椒，同属芸香科，有着相近的柑橘香气。日本人用山椒婉约的香和缥缈的麻，感叹转瞬即逝的季节之美。

花山椒 ◎

$\dfrac{1}{2\ |\ 3}$ 1 花山椒樱鲷涮锅   2 山椒鳗鱼藕饼   3 山椒昆布汁鲷鱼生

　　中国花椒给人带来的炽烈的麻感，本不属于味觉系统，但中餐厨师往往以热力激发出它脱俗的芬芳。再狂野的食材，也会在爽利的柑橘香气中臣服。而鲜味浓郁的禽类食材，则会得到青花椒绵长的柠檬香的衬托。当然，要在嗅觉、味觉和触觉上都获得满足，则首推浑厚又跳脱的大红袍。

1	2
3	4
	5

1　椒香牛小排
2　椒蕊鸡豆花
3　花椒牛舌
4　椒麻鸡片
5　椒香乳鸽

斯里兰卡，班达带着小孙子，又回到了胡椒的起点。

河南郑州，孩子们放假了，与高老大在店里团聚。

印度尼西亚，整个采摘季，

小徒弟掌握了爬树的技巧。

风味的诀窍，在于烹调之间。

烹饪帮助人类提高摄取能量的效率，

走出洪荒岁月。

调香，则最终成就美味。

让我们的饮食有声有色。

小小籽实，大千世界。

循着这缕香，让我们继续探险。

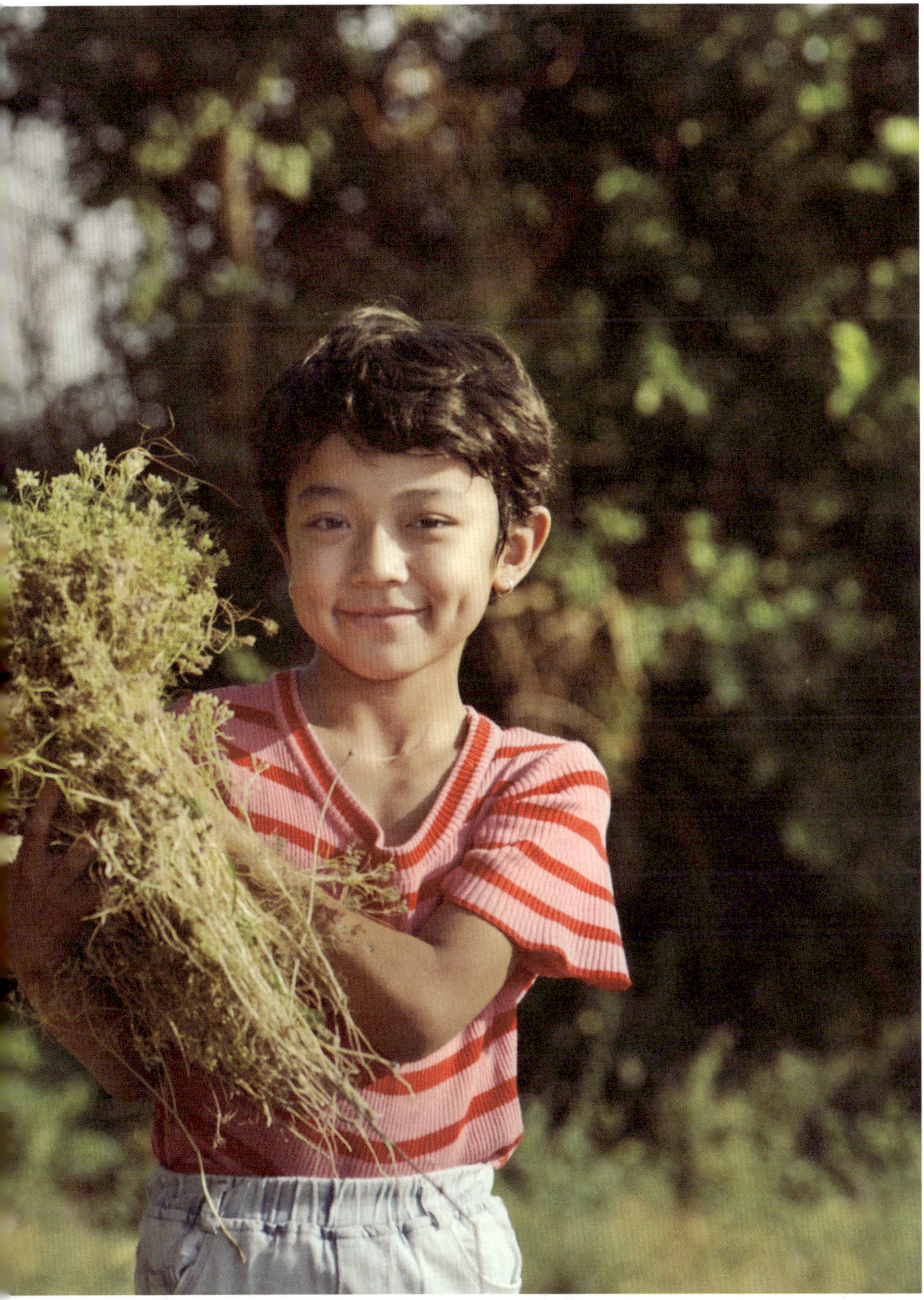

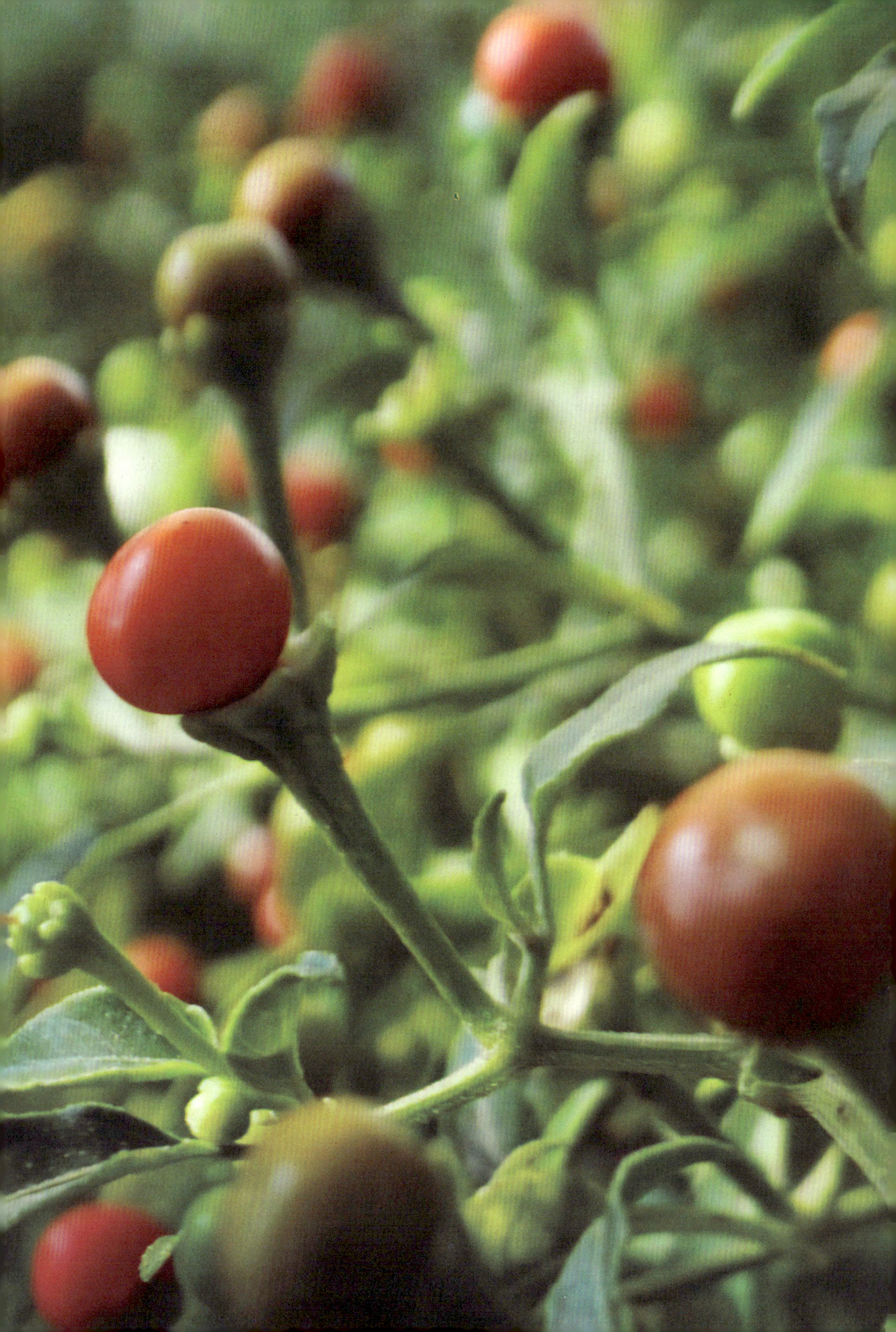

02

辣椒
崛起

在风味的世界里，

有一个特殊的香料家族。

它不在"五味"之中，

却炸裂了人类的味觉结构。

偏安美洲的鲜艳果实，神奇地跨越地球，

它攻城略地，挑战味觉的极限，俘获众多拥趸，

最终成了香料世界的大魔王。

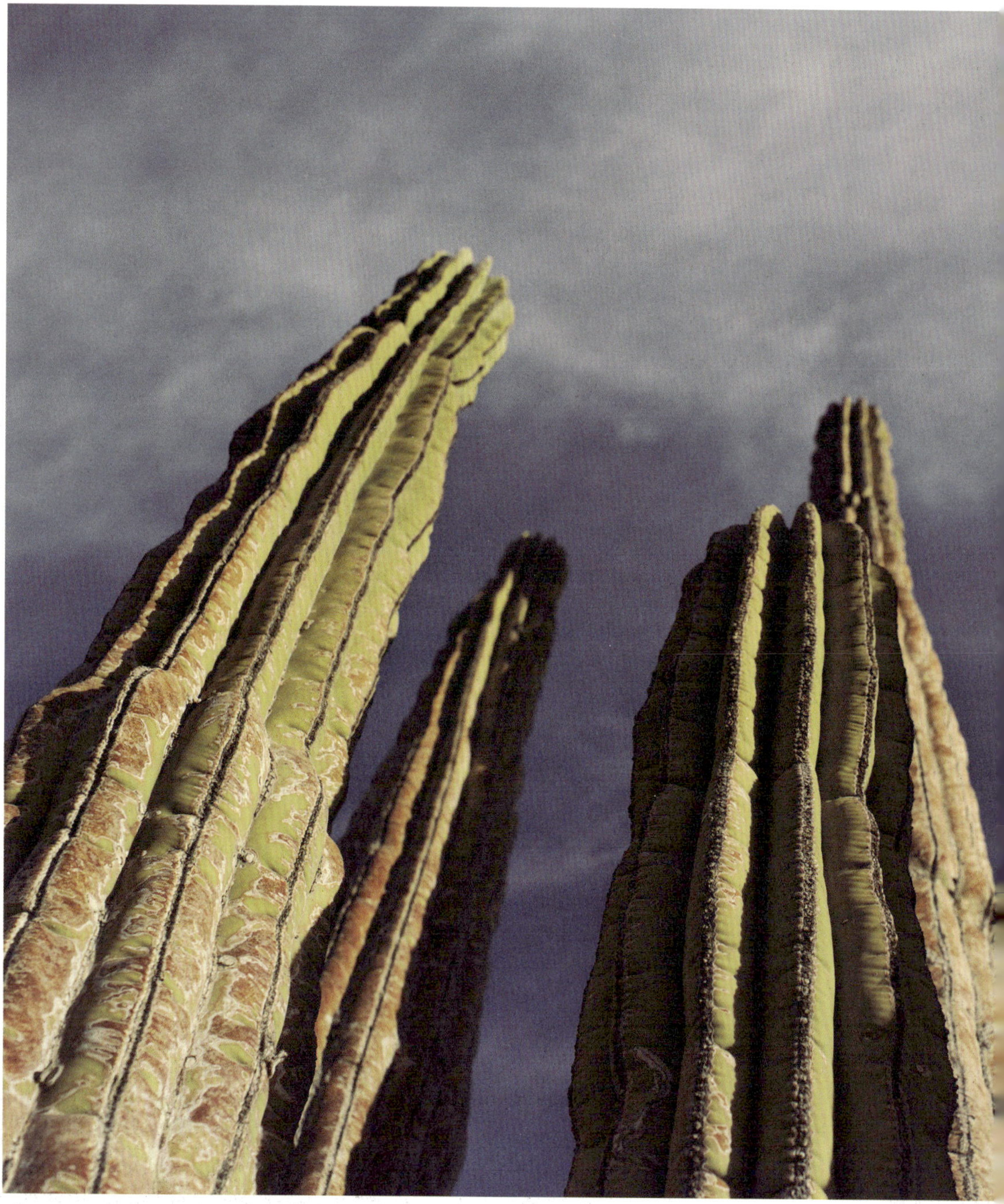

壹|奇特品
墨西哥人视之若珍宝

📍 **墨西哥 索诺拉沙漠**

索诺拉沙漠是美洲最炎热的地区。眼下，这里正经历 20 年一遇的旱灾。

在"太阳之火的王国"，恶劣的环境考验着每一种生物。

丹尼尔·纳瓦罗和同伴身装牛仔装，跋涉 30 多公里，骑马来到一片山谷。进入树林前，丹尼尔对同伴说："我们稍微梳理一下路线，看看情况再进去。"

　　这里有世界最独特的旱地生态系统，诞生了很多神奇的植物。几千年前，当地人就开始采集一种野果。今年的极端气候，让它难以存活。丹尼尔指着空空的树枝，说道："这里，这里……这些灌木丛往年满是果实。"

　　穿过牧豆树林，丹尼尔才找到它的踪影。火红的颜色代表危险与警告，当地人称呼它"奇特品"。如今，它的族群有一个我们更熟悉的名字——辣椒。

　　野生的奇特品价格不菲，也是丹尼尔这个季节最重要的收入来源。

　　丹尼尔把采摘的奇特品铺在垫子上，仔细地码好。这时，暮色已深。丹尼尔和同伴就地支起篝火，几个人喝着酒，烤着火。"这酒真好喝。"丹尼尔说着，仰脖又是一口。同伴也是一饮而尽。

　　娇小可爱的浆果，却有恶魔般的攻击力，给口腔带来刺痛感。这种野性风味，却让墨西哥人视若珍宝。

1
2
3

1 金枪鱼玉米饼   2 沙漠阿瓜奇莱   3 奇特品鸡尾酒

虽然辣椒已经被驯化出无数品种，但墨西哥当地人依然对它的原始祖先情有独钟。

丹尼尔回到巴维亚克拉，他走进一家小店，喊道："莫利纳，下午好。""下午好。"老板莫利纳应声而来。丹尼尔将这几天的收获摆在桌上，说："这挺新鲜的。"莫利纳打开瓶盖闻了闻，说："是啊，看起来非常不错，很新鲜。"

在巴维亚克拉小镇，奇特品至今还可以充当货币。丹尼尔用它换了 10 斤牛里脊肉。当地保留着制作风干牛肉的传统。将肉块剖成相连的整片，方便晾晒和滋味的渗透。

奇特品的辣度最高可达十万史高维尔*，这约等于小米辣的两到三倍。但刺痛的感觉并不持久，这恰恰是它的魅力所在。阳光下晾晒两天，便得到香辣的风干牛肉。

球赛和聚餐，是丹尼尔家周末最好的消遣。丹尼尔和妻子在厨房里忙碌着，今天奇特品要发挥它的作用了。没有完全成熟的奇特品另有风味，将其放入油锅，在油温激发下，尚为青绿色的奇特品缓慢出香。将其与肉松一同翻炒，一道当地美食索诺拉炒牛肉出锅了！

1│2　　1. 晾晒中的风干牛肉　　2. 索诺拉炒牛肉

---

*　史高维尔：全称史高维尔辣度计量单位，史高维尔指标是度量辣椒属果实辣度的单位。

　　丹尼尔将几粒奇特品塞进一只特制的"小靴子"里，再用细捣头探进"小靴子"里将其捣碎。原来，这是一只专门为了捣奇特而准备的"靴子"。"没有辣椒，墨西哥人就不会吃饭了"，这几乎是每个外来者对这里的第一印象。在墨西哥乃至诸多美洲古文明中，辣椒不仅是调味品，也被看作是勇气的象征。在这里，最不缺的就是食用辣椒的想象力，墨西哥人创造了五花八门的辛辣美食。不过，在很长的一段时期里，奇特品只生长在美洲。直到 1493 年的某一天，它乘坐冒险者的航船，开启了一段始料未及的旅程。

　　当美洲以外的人初次见到辣椒，并打开它的食用说明后，他们一步一步为之倾慕、癫狂。这都源于辣椒素。辣并不是一种味道，而是作用于舌头上的痛感，能刺激大脑释放舒缓疼痛的内啡肽，而愉悦的感受由此产生。痛并快乐的刺激，让人欲罢不能，在心理学上称为"良性自虐"。

◎ 诺加达辣椒

文建春和妻子在等轮渡 ◎

贰 | 湖南黄贡椒　它的鲜，转瞬即逝

📍 湖南 衡阳市 衡东县 三樟镇

在辣椒向全球扩张的旅途中，有一个热门站点绝不能错过。那就是中国湖南。

湖南的夏季，早稻收割后要立刻插秧，当地人称为"双抢"。要争抢时间的，不只是水稻。凌晨五点，文建春夫妇要赶第一班轮渡。两人下船来到集市上，这里早已是人声鼎沸，吆喝声此起彼伏。

文建春不善言辞，更不喜吆喝。有买家看到他挑着扁担，里面装满了辣椒，便主动问道："青辣椒多少钱一斤？""6元。"文建春回答。"一斤要6元吗？"买家觉得这价格有点儿超出预期。"便宜的辣椒，质量就差了。"文建春解释道。头一批上市的青辣椒，让老汉成为市场的焦点。

略带青涩的辣椒，还没到它风味最浓的时刻。

随着成熟，叶绿素含量减少，同时类胡萝卜素增加，辣椒由绿转黄。因为它有独特的橘黄色，所以当地人称它"黄贡椒"。此时，鲜嫩与辛辣达到最佳临界值，村民会根据成熟度，择机采摘。

尚留着枝头芬芳的黄贡椒一上市，就成了抢手货。作为中国辣椒消耗量第一大省，湖南人更看重鲜食，甚至连烹饪方式也追求最短的时间，为的就是这口鲜灵爽脆。

1　采摘场景
2　湖南黄贡椒
3　豆豉擂樟树港辣椒
4　鸡肠子辣椒炒鸡

```
  | 2
1 | 3
  | 4
```

黄贡椒的鲜，转瞬即逝。在湖南，当地人还有另一种保鲜手段。文建春带着家人围坐在一起，他们面前的竹编箩筐里，是堆成小山一样的黄贡椒。掐头去尾，手里两三下的功夫，黄贡椒就处理好了。文建春将它们斩剁成 1 厘米左右的小段，方便混合辅料，释放风味。这时候还需要一种本地特产——米酒。作为稻米种植区，米酒在湖南家家常备。

酒精不仅抑制菌群生长，还便于辣味的融合。文建春将剁成段的黄贡椒放入玻璃坛子，舀一勺油再跟着舀上一勺米酒。眼看米酒就要没过坛中的黄贡椒了，老伴儿忙喊道："可以了，还放酒干什么！酒不要钱啊？"尽管如此，老文还是灌了满满一坛的米酒。

湿热的雨季，一场狂欢开始。乳酸菌加速酝酿。迷人的酸香中，辣度也变得柔和。只需 20 天，剁辣椒就已经变得色泽鲜亮、质地清爽。无论蒸、炒、炖、煮，一勺剁椒都能给几味家常平添温婉的辣和绵长的咸酸。

这种处理辣椒的方法，也催生了湘菜名菜：剁椒鱼头。柴火越烧越旺，黄贡椒加持下的鱼头也越发美味。文建春一家人于月色下围坐在院子里，一筷鱼肉一口鲜辣，鲜辣交合甜嫩，让人口舌生津。人生百态，滋味无限。

$$\frac{1}{2 \mid 3}$$

1 湖南

2 黄贡椒剁椒鱼头

3 湖南乡间风景

在湖南，关于辣椒的最早的文字记载，可以追溯到 1684 年。那时，它还只是观赏植物。到如今，辣椒已占领中国人的餐桌，而这还不到 400 年的时间。

叁 | 马来西亚叁巴酱
辣椒的落地生根

📍 **马来西亚**

辣椒在这个星球上传播的足迹，可以描绘出一个波澜壮阔的图景。它所到之处，无不留下自己鲜明的印记。

46岁的郑伟达，在马来西亚槟城经营一家餐厅。母亲李清柳是他的好帮手。在这里生活，至少要掌握三种语言。而在餐厅里，杂糅的不只是语言。

人类对辛辣口感的追求由来已久，不同地区的人们原本有各自的解决方案。山茱萸、荜拔，还有花椒、胡椒，都曾在各地独领风骚，直到辣椒的出现。

"阿贤。"郑伟达招呼老友。"伟达！"见老友来了，阿贤连忙招呼。"我来拿峇拉煎。"郑伟达道。阿贤说："腌制后拿去晒到半干，之后搅碎就可以做峇拉煎了。"郑伟达拿起闻了闻："这里面已经有很鲜的虾味了。""但也不能晒到干透了的状态，不然就不能发酵了。"阿贤叮嘱道。

你一定很好奇什么是峇拉煎吧？

1 马来西亚槟城

2 叁巴酱

3 马来西亚美食

4 马来西亚海滨风景

◎ 仁当牛肉

　　马来西亚当地的磷虾体型纤小，加入海盐，捣碎成泥，发酵三个月后味道别有洞天。工人们将捣烂的虾泥送入机器，将其压成像巧克力冰激凌一样的酱泥。之后，通过定型、切割，便可得到如茶砖一样的虾酱。这种固体虾酱成型后可以长期保存，"马来语"叫"峇拉煎"，是当地日常的烹饪调料，有着悠久的历史。

　　郑伟达切出三四片峇拉煎，投入锅中，混合蒸煮后用搅拌机将它们和成了色泽诱人的泥。之后，他又抓起大把大把的辣椒，投入其中。辣椒的闯入，让峇拉煎迭代出新的风味。配合香茅草、姜黄，以小火慢熬，虾酱中的多种氨基酸释放出香气，辣椒素也被激发出来。这种新型调料就是当地人所称的"叁巴"，意思是辣椒酱。

　　东南亚饮食以酱料为灵魂，但香料的组合、配比却各有特色。某些古老的香料渐次淡出，只有辣椒，在各式酱料里混得风生水起。

郑伟达的妈妈是在马来西亚出生的华裔，她们被称作"娘惹"。

伟达妈妈一边摘菜，一边说道："他以前很懒惰的，小时候，平日就是要看戏、看电视啊……从国外回来的时候，他已经做了几十年工程了，人也变勤快了。那时，他说不做工程了，非要开店。我跟他说，你要开店，就一定要自己学做菜。如果你不会做菜，怎么开店啊？"

在国外闯荡十几年后，郑伟达最终回到槟城，从事餐饮。从小的耳濡目染和母亲的悉心指导，让他逐渐掌握了厨艺的精髓。对他来说，"娘惹菜"就是家的味道。

一位外国友人在餐厅里吃得津津有味，郑伟达上前搭腔："您知道这道菜叫什么吗？"见友人摇头，郑伟达笑嘻嘻地解释："娘惹萨拉鸡，'萨拉'这个名字的意思就是产生幻觉，充满梦想……"

打烊后的时间，郑伟达和母亲拿过已经斑驳的老照片翻看。照片里闪现出母亲年轻时的英姿。当年下南洋的华人，早已在这里落地生根。人的行走和辣椒的传播一样，总是步履不停。

$\frac{1}{2\ 3}$

1 娘惹鱼肚煲　　2 叁巴臭豆虾　　3 叁巴魔鬼鱼

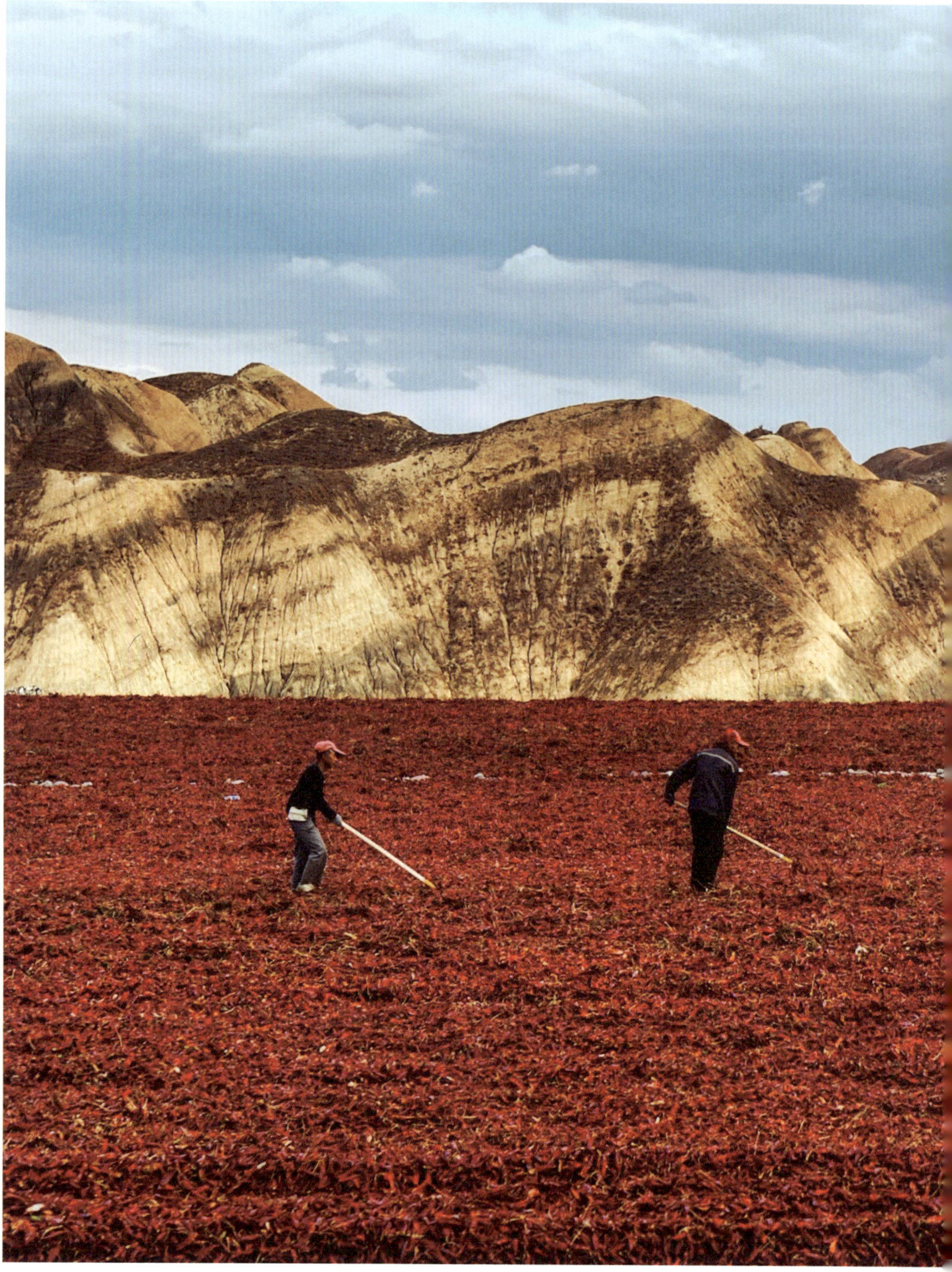

肆 | 新疆线辣椒　日常的陪伴

📍 新疆 沙湾市 安集海镇

伴随人类航海的征程，辣椒实现了环球旅行。它攻城略地，远离海洋的内陆，最终也未能"幸免"。

九月的伊犁，天气已经很冷。一大早，海力古力·马合木提就煮上了奶茶。小外孙蹒跚走来，虽然他还不会说话，但是看见食物的眼神却分明在说"我饿了"。"肚子饿了，所以起床了吗？"海力古力笑着问。

新疆农牧交汇，辣皮子（即辣椒）是百搭的口味调剂。

"凉菜，凉面，过油肉，碎肉，辣椒……"大自然赋予了游牧民族得天独厚的天籁之音。海力古力手上的活不停，还不忘时不时地来上一首悦耳的歌，排解劳作的疲累。

忽然，哨音响起，海力古力忙放下手中的工具，向灶台跑去。那锅里，有美食的秘密。

　　自家的庭院也是一间小吃店，海力古力在小店里售卖米肠子、面肺子，这些都是新疆的传统食物。但不知道从什么时候开始，一勺辣椒变得必不可少。

　　在天山以北的广阔平原上，线辣椒适应了这里寒冷的气候。夜晚，气温骤降，线辣椒得以积累更多的糖分。成熟的线辣椒则在枝头继续沉淀风味。

　　每年收获季，铺陈晾晒的辣椒把戈壁都染成了红色。自然脱水让线辣椒累积清甜的大茴香气息和坚果般的木质香气。无论将它添进什么菜肴，都能让人一口就能吃出新疆味道。

新疆 伊犁 伊宁市 ◎

　　"哈利木拉提来洗这个面吧，面做好了！"海力古力的面准备得差不多了，于是喊老伴儿哈力木拉提·喀斯木来洗面。海力古力两手扶着和面的大盆，帮丈夫保持平衡。哈力木拉提将面切成大块，放入水中，挽起袖子就开始在盆里上下发力。离天亮还有两个小时，老两口已经忙碌起来。反复揉搓，洗出面筋。"好多人都羡慕你，说我把你教得可会灌面肺子了！"海力古力骄傲地说。"是说我吗？别人不会嫉妒我吧？"哈力木拉提笑着问。

　　过筛后，得到奶浆般柔滑细腻的淀粉水，哈力木拉提将它灌入天然容器——羊肺中。把灌好的羊肺放入蒸锅里，留给时间慢慢变化。烦琐但巧妙的工序，将为它带来脱胎换骨的变化。太阳出来了，这段时间正适合含饴弄孙，哈力木拉提抱着小孙子晒太阳，等待着一场惊艳的蜕变。

炖煮近一小时，硕大饱满的面肺子出锅了。滋味纯厚，口感粉糯。要想获得出挑的风味，还需要一点儿锋芒。

伊犁位于沟通欧亚的交通要道，因此这里的饮食更加多元。海力古力要选择不同辣度、香气、品种的辣椒面，搭配新上市的线辣椒。沁满葱姜香气的菜籽油，降温到 180℃ 左右才能等到辣椒登场的时刻。

热油逐次浇入，多种风味物质层叠释放，脂香混合焦香，辣度、色泽与香味彼此呼应。"太棒了！"海力古力忍不住闻了闻辣椒的香气，"适合吃面肺子的辣子好了！"

如果说面肺子是碳水炸弹，油辣子便是起爆的开关。

"你还吃吗？快过来尝尝。"海力古力招呼来小院的食客。有了辣椒的加持，小院的烟火气似乎更浓了。

辣椒在进入内陆的过程里，自身风味也在重塑。不知不觉地，它已成为这里的人最日常的陪伴者。

◎ 米肠子面肺子

伍 | 日本寒造里
雪藏是一种温柔的抵抗

📍 **日本 东京**

辣椒的传播势如破竹，但这次它遇见了口味顽固的日本人。

辣椒传入日本，甚至比中国还要早100年。但直到它借助了一种面食，才勉强打开一点儿局面。

掺杂六种香料，降低辣度，辣椒在日料中为清淡的荞麦面调味，形成了日本人喜欢的七味唐辛子。辣椒没有放弃征服日本人的口味，但可能尚需借助些外力。

东条昭人守着祖父创办的工厂，最近让他感到颇为操心的是如何把手艺传给儿子。

"雪藏"蔬菜是当地传统，人们相信这样可以获得更甜的口感。

雪季到来，湿度和温度都达到理想状态。腌渍过的辣椒，将在旷野里晾晒一周。

日本新潟县妙高市背山面海,是日本著名的雪乡。"雪藏"蔬菜气温始终保持在 0℃上下,辣椒内的糖和氨基酸升高,鲜味在这时走到了台前。

万物沉寂中,冬雪带来了别样的期待。冰凌的每一寸延伸,都是一股温柔的抵抗。发酵后的稻米,将助力辣椒踏上转变之路。打碎成酱,拌入米曲,再添加香气清新的柚子泥,辣度进一步减弱。此时,红黄两色交织,开始上演味蕾争夺战。待充分混合后,将其封存,微生物将接手未来的工作。

寒冷仿佛让时间停滞了,但不见炊烟的"烹饪"才刚刚开始。发酵过程少则三年,最长要六年,期间还要经历几次翻搅。翻搅时涌入的空气会让菌群再次活跃起来。

东条昭人的父亲将宝贵的经验传授给东条邦昭:"翻的时候,杆子要笔直地插下去,然后在里面反复搅动。"如此操作后,它有了一个新的名字:寒造里。

"怎么样?"儿子问道。"很好吃!"东条昭人回答。得到父亲的认可,寒造里的味道算是成了。

这一天,是中国节气里的大寒。新潟妙高此时也进入全年最寒冷的日子,当地人为即将到来的春天举行聚会。在口味传统的餐桌上,辣酱寒造里渐渐有了一席之地。

冬季的鰤鱼最肥美,是应节佳品。日本人用寒造里熬制成干料,解锁鰤鱼的鲜美。发酵的厚味与柚子的清新相互呼应,辣味绵柔,为清淡饮食打开了一扇全新的窗户。

冬去春来,又是新的轮回。一生很长,回首不见曾经的少年。一生也很短,不过几次寒造里的生产。

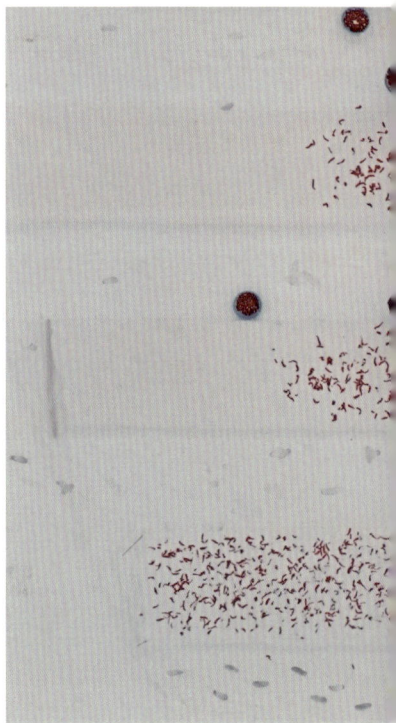

陆｜贵州煳辣椒
演绎雷打不动的固定搭配

📍 **贵州 遵义市 虾子镇**

贵州，是中国最早食用辣椒的地方。有人说，这与当地多山的自然环境有关。

米浆上屉蒸制，得到一种素淡的主食——米皮，这是制作遵义羊肉粉的原料。

李海冲楼上喊道："妈，下来了没？"母亲陈德会这才从楼梯上缓缓而下。30多年前，陈德会在虾子镇卖起了羊肉粉，算是镇上最早的几家个体小店之一。陈德会招呼着来来往往的街坊和食客："你吃米皮？那水粉呢？"陈德会对乡亲的热情，恰如那碗若热的辣子。"那碗米皮要多点儿，辣椒要少点儿。聋子（意指耳背）！"不管客人提出什么样的"私人订制"款，陈德会都会应一声"要得"。如今，"虾子羊肉粉"开到了全国各地，但陈德会还是像从前一样，每天300碗，售完即止。

羊肉汤和米粉在贵州是雷打不动的固定搭配。虾子镇之所以能在全省几大羊肉粉流派里立足，和当地另一个特色密不可分。

贵州遵义的一个三万人的小镇藏着中国交易量最大的辣椒市场——中国辣椒城。

叫卖声、讨价还价声、称重声——各种声音在这里汇集，而天南地北的辣椒也在这里集散。从市场到餐桌，无法想象辣椒还要经受什么样的磨砺。有一种简单的做法，是用炭火余温烘烤，这就得到了煳辣椒。煳辣椒除了酥脆，还获得了焦糖般的香气。

而复杂的做法是，要先拼配。灯笼椒和满天星，一个主香，一个主辣，熬煮后反复舂捣，直至黏糯、松软，不分彼此。这种糍粑辣椒，只是基础形态。

陈德会将灶台填火烧旺，向大锅里倒入了满满一锅油。她将油温控制在160℃左右，不停地翻搅两个多小时。柴火在烧，糖类和氨基酸在发生美拉德反应，果香和坚果风味在层层释放，生成比油泼更为醇厚复杂的香气。此时，羊肉汤早已蠢蠢欲动。油辣椒添香，煳辣椒增味，完美辅佐着虾子羊肉粉。

"贵州有多少座山，就有多少个米粉店。"辣椒也不断变换形态与米粉搭配，在这片土地上枝繁叶茂。

柒|匈牙利红椒粉 魔鬼的晚餐

📍 匈牙利 塞格德

大约 500 年前，辣椒仿佛从天而降，出现在欧洲。或许是因为这个原因，匈牙利每年鱼汤节，都有化着妆的神秘人物通过高空跳伞的方式从天而降，带来辣椒。人们会支起巨型铁锅，撒下海量辣椒粉，只为赢得一枚"铁锅"勋章。然而，匈牙利甚至整个欧洲的餐饮体系里，并没有嗜辣的基因。

发动特型运输拖拉机的是今天的主角——法尔卡什·安德拉斯。拖拉机后方的大漏斗是特质的长方形敞口大"铁盒"，不多不少，正好可以装下 5 排共 20 箱辣椒，满满当当，又不会移动洒漏。安德拉斯可是个大忙人，掌管着十几亩辣椒田。不过，一遇到外孙女，哪里都是游乐场。安德拉斯的辣椒田眼下俨然成了小外孙女的采摘园。"我也找到了。"小外孙女激动地喊。"让我看看。"安德拉斯接过小外孙女手中的辣椒。"这是我找到的。"她强调。"对,你找到的这个更大。太好了！"安德拉斯夸到，"来，你放姥爷兜里。"安德拉斯胸前戴了一个大兜子。"兜里，放姥爷兜里。"妈妈让孩子把辣椒放进了大兜子里。"兜都放满了,姥爷的兜都放满了，现在我们把辣椒挂在这里。"安德拉斯说道。

赛格德辣椒以果香鲜明著称。小镇的纬度很高，接近中国黑龙江的纬度，但这里充足的光照让辣椒在漫长的生长期里积累了风味物质。采摘后，还要经历两到三周的存放。辣椒自带的各种酶，会让它变红、变软，糖分及水果香气逐渐达到峰值，这个过程也叫"后熟"。

辣椒如今是匈牙利重要的农产品。而最初，人们用"魔鬼的晚餐"来形容那骇人的辛辣。为迁就口味，当地人曾经靠手工剥离胎座去辣，这是辣椒素产生的部位。今天，经过反复选育，当地辣椒的辣度只剩 200 史高维尔。告别手工去辣，安德拉斯更信任自家栽培的新品种。他的辣椒在机械的加持下，烘烤后香气撩人，几乎感受不到辣度。"我直接尝尝。"安德拉斯拿起一颗辣椒放进了嘴里。外孙女将几颗辣椒放进了手摇磨豆机。如果在危地马拉，磨豆机肯定是用来研磨咖啡豆的，但在这里，它的使用权属于辣椒。"宝贝，摇快一点儿。"安德拉斯给外孙女加油。"小宝贝，奶奶的小珍珠。村子里最棒的小女孩。"奶奶赞道。

将辣椒充分研磨，红椒粉细如流沙。颗粒直径最细的粉的直径不足发丝的三分之一。说来也怪，欧洲是辣椒离开故土的第一站。但几百年过去，辣椒却只被少数地中海国家广泛接受。这一切，都因匈牙利红椒粉而改变。在匈牙利布达佩斯，红椒粉是主厨在烹饪中必不可少的调味品。超细腻的颗粒度，带来极强的烹饪可塑性。

◎ 辣椒研磨成红椒粉

　　主厨用木质铲子敲击着锅沿，这听上去就像箱鼓击打出的节拍。比起辣椒传播夸张的速度，辣度的变化更富戏剧性。它犀利的色泽背后，却是温和的少女心，让人感受了辣椒小清新的一面。果香温柔、清甜俏丽，这是它风靡欧洲的真正原因。

　　院子里，向日葵已经被插入花瓶。支架架起的锅里，红椒粉正在变幻魔法。安德拉斯来回转动着沸腾的锅，让这种变化更激烈了一些。

　　安德拉斯最拿手的菜品是匈牙利鱼汤。这也是红椒粉的终极代表之作。个性彪悍的辣椒，展示出随性乖巧的一面。追寻它的脚步，我们感受到人类口味的天差地别。

1	2
3	4

1 蛋黄鞑靼牛肉　　　2 红椒粉烩虾仁　　　3 辣椒鸡配面疙瘩　　　4 匈牙利鱼汤

捌 | 重庆泡椒　一时难辨他乡与故乡

📍 **重庆**

重庆，一位大爷背着龙鳞战袍于江边挑战高难度挑水。跳下去的那一刻，犹如食材投入火锅，都是刺激——一个在心，一个在口。有人追求不辣，就有人无辣不欢。重庆的火锅店数量，在全国是独一档的存在。不但要够辣够爽，麻和辣的配合更是成败的关键。

辣椒最初得以进入川渝，少不了花椒的帮衬。两个跨越半个地球的物种，一见倾心，成就风靡全中国的风味——麻辣。然而，只有"本地舌头"才知道另一种味道的重要——这就是泡椒。

在重庆，家家户户都有泡椒。它的余香，甚至会传递几代人。何为美食？每个人的理解都不同。在重庆人看来，好餐厅可能是这样的：一家小店里，老式电风

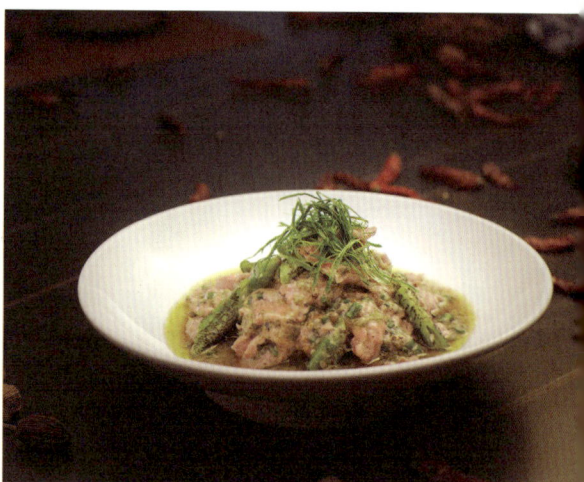

扇在墙上费力地扇动着，丝毫不见凉爽，但辣度却在舌尖荡漾。"鸭子端开。"大厨兼老板王斌吩咐道。"您点了一个豆花儿和鱼，帅哥？"妻子刘延莉在外间给客人点菜。这是家典型的夫妻店。斌叔要同时照看七个灶眼，相当于技术总监。"下一个就到，下一个就到，大概再有 15 分钟就能吃。"斌叔的满头大汗和外间人满为患互相应和。"9 号桌加两个豆干。"

因为是夫妻店，所以所有的事情都是两人亲力亲为。斌叔持灶，斌婶儿刘延莉就负责公关、市场和外联。"不好意思。"上菜慢了，斌叔也怕客人着急。斌婶儿打理着外间，里里外外，忙而不乱。斌叔像照看孩子一样，照看着七个灶眼，有条不紊。

两人搭档，一做就是 40 年。做味道，首先是对原材料的要求，斌叔永远要亲自采买。更重要的是——用他的话说——厨师间的差距在于对香料的使用。"你要正宗的毛辣，我们也有。"一间不大的卖香料的小店，斌叔经常到此光顾。"香！这个海椒含油量高。但是就是要特别注意产地。就是你刚才说的那个地方的，是最好的。"斌叔捧起来闻了闻，"它梅花（指开口的花椒）不多啊！"

1 | 2 | 3 | 4

1 香辣鸭舌　　　2 烧椒牛肉　　　3 麻辣毛血旺　　　4 怪味猪手

　　川菜给人的固有印象，是麻和辣。事实上，它是中餐里最擅长驾驭调味的菜系。利用香料的组合配比和形态变化，四川人演绎出多种味型。

　　200 多平方米的地下室，是斌叔的秘密基地。关于辣味的试验，斌叔选择了未成熟的本地品种——艳椒，它气味清香却辣感刚猛。将黄冰糖、盐和白酒调配至合适的比例，既能防止变质，也能很好地平衡辣度和酸味。

　　更壮观的景象来自重庆巨大的山洞。这里阴凉湿润，为各种微生物提供了稳定的庇护所。乳酸菌占据主导地位，芳香类物质渐次释放。整个发酵的过程至少一年，时间消磨了辣椒的戾气。

　　将泡椒驯化成百搭的底味，斌叔还有自己的一套方法论。借用火锅底料的制作方式，帮助泡椒实现风味进阶。花椒让辣味变得沉稳，风味在熬煮中逐渐圆熟，泡椒也展露出令人垂涎的酸爽与醇香。猛火重料，制作不墨守成规，重庆民众的豪爽性格催生了江湖菜。不论什么食材，斌叔都用精心熬制的底料助力，也让一道没有菜名的鳝鱼，在当地独树一帜。这道菜就是"无名鳝鱼"。这道菜带来的辣爽刺激，酣畅淋漓，让人欲罢不能。

　　又是宾主尽欢的一天。一切都离不开重庆人引以为傲的辣椒。一颗远渡重洋的种子，在中国的厚土生根、结果，收获了人们对它无以复加的热爱，让人一时难辨他乡与故乡。

$\dfrac{1}{\dfrac{2}{3}}$　　1 在重庆山洞里制作泡椒　　　2 泡椒　　　3 无名鳝鱼

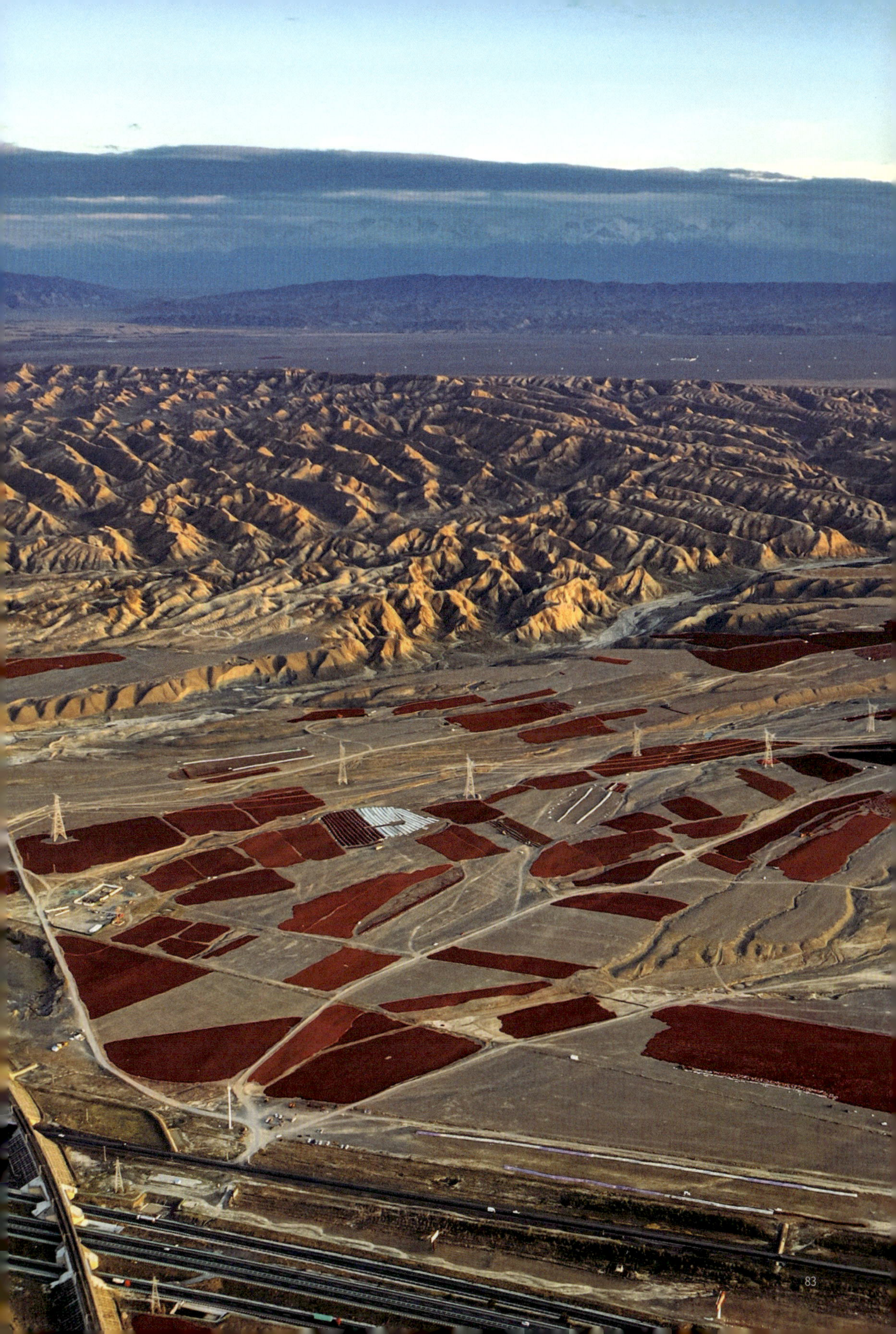

自从离开故土，
辣椒的"国界"便一直在扩张。
这种植物的果实与人类相爱相杀，
我们迷恋它灼烧的痛感，
甘愿改变自己的饮食习惯，
痛并快乐着。

辣椒也不断变换身段，
展露我们不曾发现的才艺。
到底是人类驯化了辣椒，还是辣椒俘获了人类？
一枚小小浆果，
一段奇妙的旅程。

03

花叶
奇缘

它们是植物的不同器官，

唇齿相依，又各怀绝技。

它们遍布地球的每一个角落，

总有些花与叶用诱人的香味和奇妙的形态，

让人一见倾心。

花与叶，见证世间饮食的沧桑与浪漫，

在和人类一次次相遇中，

与人类结下美味奇缘。

壹|越南罗勒
打开越南饮食的钥匙

📍 **越南 湄公河**

　　湄公河，东南亚最大的河流。每逢重要节日，这里的水上市场都格外繁忙。

　　在胡志明市，街头食物琳琅满目。人们无论如何挑选，都会得到一份免费的香草盘。这些绿色叶子，正是打开越南饮食的钥匙。

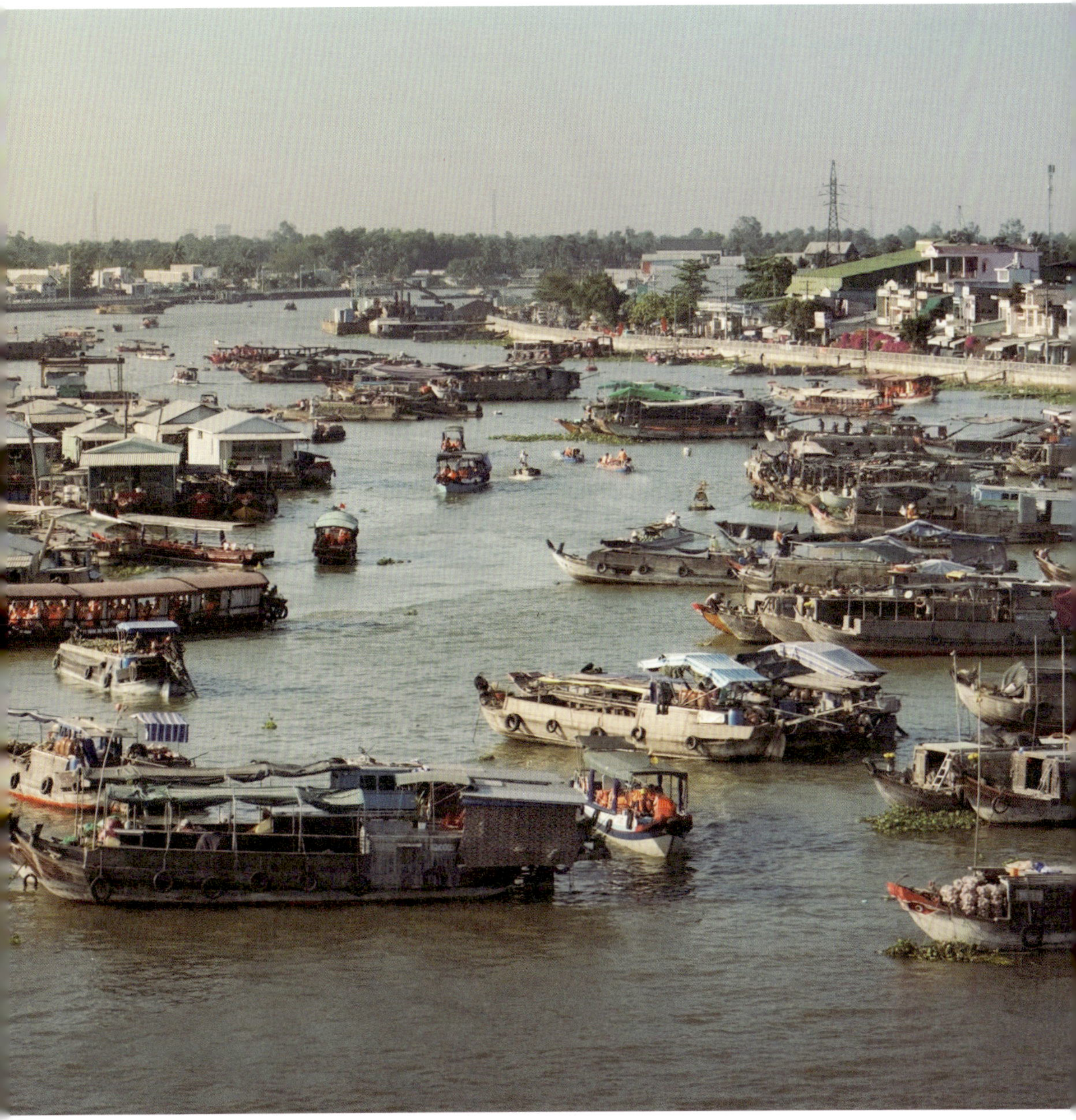

　　黎黄芳容五年前从母亲黄氏玉燕手里接下家族营生。母亲正做着滴滴咖啡，见有客人进来，忙喊道："有客人进来了。"母女俩经营的是当地最常见的食物——河粉。这样的河粉小店，在胡志明市不下千家。满头花白的老爷子说："我从这里起初的小店吃到现在，也不知道具体有多少年了。"

　　河粉单独上桌并不是一盘完整的食物，它的灵魂 CP（伴侣的意思）是一种来自田间的香草——罗勒。罗勒的适应性极强，在与人类的互动中逐渐形成 100 多个栽培品种。越南河粉一般搭配的是亚洲罗勒。中国人又把这个品种叫作"九层塔"或者"金不换"。

亚洲罗勒 ◎

几乎全世界的香草，都要在日出前洒水后进行采摘，因为鲜灵稍纵即逝。清晨，伴随摩托车的轰鸣声，罗勒的清香飘散在城市中的各个角落。

在芳容的店里，大块牛肉已经炖煮了 8 个小时，香气沉郁。芳容逆着纹路横切。2 毫米肥瘦相间的薄片，更易吸附汤汁。"刀得斜一点儿，像这样。"妈妈上手指导。酥软的牛肉配坚韧弹牙的牛筋打底。相比中国南方的河粉，越南的河粉更弹牙，这是因为其中添加了木薯粉。接下来，是鲜牛肉片，在滚烫的高汤中迅速断生，激发出鲜甜。

罗勒，具有鲜明的八角的气息，穿插似有若无的辛辣，照亮河粉的鲜美。

芳容坐在摩托车上，看着两个孩子在店门口蹦蹦跳跳。"冰激凌给哥哥吃一点儿。"她嘱咐小儿子，"喂哥哥吃吧。"同处东亚稻作文化圈，农历春节也是越南人最看重的节日。芳容和家人一起准备了福字、元宝、西瓜、年画等，节日的气氛一下子浓郁了起来。"你看，这个福字放在这里怎么样？"芳容问。"Good job(做得好)。"

越南河粉 ◎

　　提前收工，芳容准备了一种传统食物。米粉制作的饼皮，纤薄如纸。大部分馅料可以根据喜好自由搭配，唯独罗勒不能缺席。它富有辨识度的气息，也让春卷——这种源自中国的食物，演化出属于越南的个性。

　　离开湄公河口，一路向北，黄河流域也能找到罗勒的身影。在中国河南，没有人不认识荆芥，但很少有人知道它的学名——疏柔毛罗勒。

　　荆芥，散发具有柠檬与丁香特征的香气，剁碎后更具穿透力。加热烹饪，却能收获醒神的清凉，可以驾驭一切食材。铁锅荆芥烘蛋就是加热烹饪而获得的杰出的美食代表。河南人最爱的还是鲜食佐餐。吃过大盘荆芥，才算尝遍百味，见过世面。

1 虾泥炸春卷　　2 荆芥拌面　　3 荆芥黄瓜　　4 荆芥菜馍　　5 铁锅荆芥烘蛋

贰 | 意大利罗勒 　煽动着风味的瞬息万变

意大利 热那亚

在欧亚大陆的西端，罗勒也有非凡的经历。

"要准备一份乡村前菜、一份鳕鱼前菜、一份奶酪，还有两份兔肉。"西蒙·瑟切拉是家族餐厅的第三代主厨，他正在餐厅后厨有条不紊地指挥着："安德烈，来这边。加布里，顶着这边。12 号桌上兔肉！现在开始准备奶酪盘和乡村前菜盘。"

在西蒙的餐厅里,香料是绝对的主角。香料曾经是地中海沿岸的财富象征。世事变迁,使用香草,反倒与今天崇尚自然的风潮不谋而合。

"请继续享用。"上菜的间隙,西蒙不忘询问顾客对菜品的反馈,"那个茄子布丁好吃吗?谢谢。"

在这里,罗勒将变幻出新的身姿与香气。背山临海的绝佳生长地,孕育出全新品种——甜罗勒。

和亚洲罗勒相比,甜罗勒在优雅甜美中带着一丝薄荷的爽冽,明亮而温柔。花叶的脉络仿佛与物种迁徙的路径相吻合,从山地里一直通向城市。

热那亚,既是古代东西方贸易的重要港口,也是罗勒的第二故乡。鳕鱼虾丸罗勒酱、铁板章鱼土豆饼、青酱炸饺子、土豆鳕鱼、罗勒鸡尾酒、罗勒冰激凌,都有罗勒的身影。

◎ 甜罗勒

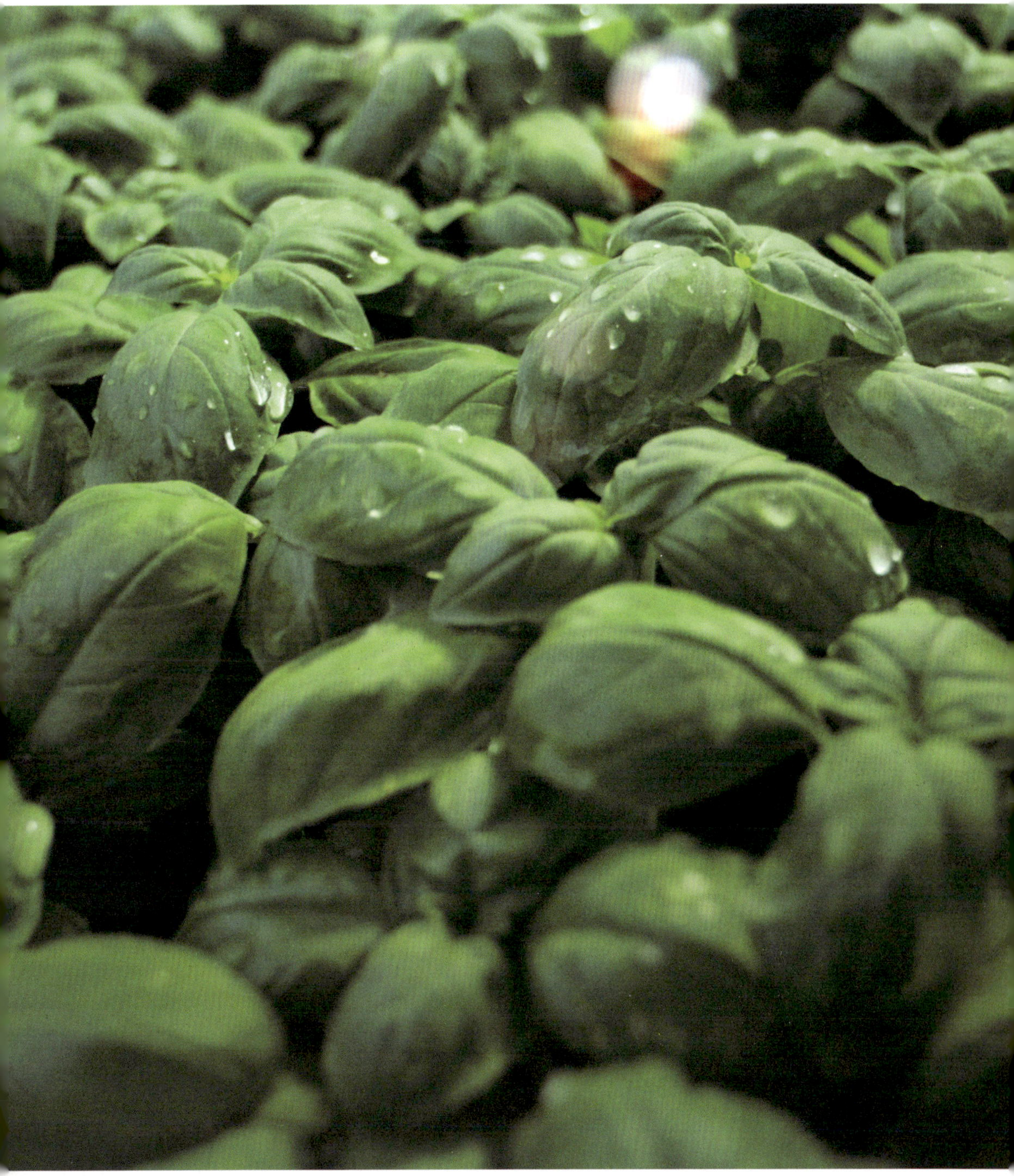

无论本地物产，还是全球风味，都因它的加入得以焕然新生。没有哪个热那亚人的童年，缺少罗勒的陪伴，就像空气中伴随的海水味道。

1 鳕鱼虾丸罗勒酱　2 铁板章鱼土豆饼　3 土豆鳕鱼　4 罗勒鸡尾酒

西蒙抓着一大把新鲜罗勒来到后院,他问道正在忙着的女工:"今天怎么样?""很好。"女工回答,顺便闻了闻西蒙递过来的罗勒。"天呐,太好闻了!"

意餐重视酱汁调味。有种酱汁,就是为罗勒量身定制的。西蒙拿来捣锤,将甜罗勒放入一个有点儿像大号蒜臼子的捣器中,这意味着甜罗勒那混杂了丁香、肉桂、柑橘、薄荷的标志性香气,即将释放。捶捣,令细胞壁破裂,香气弥散。硬质奶酪、松子、橄榄油贡献浓郁的底味。但酱汁真正的主导,是草本的绿色与醒目的清香。制成的,就是热那亚青酱。

"那个太大了,而那个又太小了。"母亲皮耶安吉拉指着西蒙制作的面剂子说道。"我这可是纯手工制作的。"西蒙强调。"还记得我们在米兰那次的活动吗?"母亲问。"记得,最后意面做得太硬了,像子弹。"西蒙自嘲,母亲也笑了。面食是餐厅的特色。西蒙的手艺,来自母亲。

相比东方面条的柔软,以硬质小麦为原料的意面,质地紧实,便于保持造型。一千年来,意面变化出各种花样。骄傲的意大利人坚信,每一种面都有最合适它的酱汁。

1	2	3
4	5	

1 核桃酱意面　　2 菌菇酱手切意面　　3 肉酱香草饺子

4 肉酱香草饺子　　5 青酱栗子球意面

青酱，厚重里迸发出飒爽，用蝴蝶面搭配，那种饱满、温暖的味道，与麦香完美交融。

西蒙和祖母芙兰卡来到田间自家独享的菜园。西蒙捕获了一个好东西，逗着奶奶问道："奶奶，你要瓢虫吗？""不。"奶奶含笑婉拒。意大利人的菜园，总会给香草留下一席之地。远道而来的罗勒，早就在当地扎根。如今香草世界的百变之王早已入乡随俗，成为地域美食的代表。餐厅由祖母创办。罗勒的芬芳，联结着一家人的共同记忆，也陪伴着这个家族开枝散叶。"致重生。"西蒙举杯祝愿。

很难考据，新鲜香草和干制香料，哪个更早走上人类的餐桌。植物在漫长演化中修炼的防身技能，却意外让我们解锁了风味宝盒。它香味招摇，让你难以自持，同时又芳华易逝，令人怅惘不已。

在烹饪中，我们很难说清这些花叶到底是蔬菜还是香草，是食材还是药材。形态各异的叶子，煽动着风味的瞬息万变，让人爱恨交织，目眩神迷。

1 芹菜肉丝粉条
2 香椿酱蒸鱼
3 香椿拌豆腐
4 留兰香拌核桃
5 香菜疙瘩汤
6 三臭炖鱼（臭菜）

1	2	3
4	5	6

叁|新疆椒蒿
赋予短暂夏日以鲜麻的记忆

📍 新疆 伊犁 哈萨克族自治州

草原，植物种类像人口密度一样骤然减少。已经是七月，牧场还透着凉意。

在牧草都生长缓慢的地方，依然有香草的存在，只有牧民能在相似度极高的
草丛中发现它。

这是一种奇妙的植物，似茴香，似薄荷，淡淡的果香中又有刺激的麻，所以当地人叫它"麻烈烈"——这就是椒蒿。

"有味道吗？"阿得力摘下一棵椒蒿，递给儿子小乐，让他闻味道。"有。""像这样子，"阿得力教小乐采摘椒蒿，"叶子老掉的不要。这个是可以摘的。"

椒蒿是一种非常冷僻的芳香植物，也是法餐中精细香草龙蒿的同类。妻子准备用椒蒿佐味羊肉纳仁。这道哈萨克传统美食，可以理解为羊肉盖浇面。用夏季羔羊招待客人是牧场饮食的最高礼节。羊肉肉质幼嫩清甜。一把椒蒿，让人对今天的午餐有了额外的期待。看似粗放的美味，因为椒蒿，平地惊雷般出现了华丽的异香，让短暂的夏日时光有了鲜麻的记忆。

◎ 加尔肯·阿得力和儿子小乐

1 草原　　2 椒蒿　　3 椒蒿羊肉纳仁

$$\frac{1}{\frac{2}{3}}$$

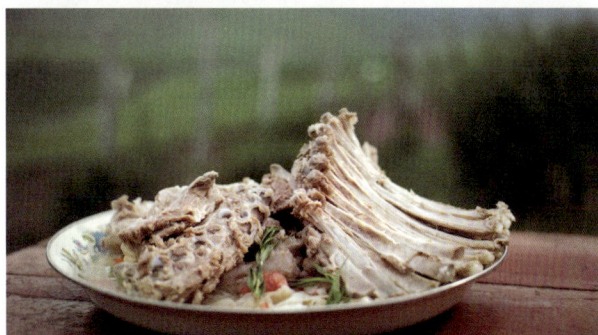

肆|湖南紫苏 为本地口味筑起护城河

📍 湖南 长沙

离开草原，来到湖南长沙。夜市，让昏昏欲睡的多巴胺迅速支棱起来。热辣的口味，像湖南人的面子。而湖南人的里子，携带着更为隐秘的味觉基因。有一种香草，为本地口味筑起了护城河。

株洲太阳村，每天王树雄都准时出现在自家牛肉摊前。除了给周边供应新鲜牛肉，老王还是一家餐厅的老板。妻子易敏也帮着老王忙前忙后。长年混迹于采买江湖中，老王的朋友众多，生意很是不错。小店为人称道的，是食材的出色。但老王觉得，自己的拿手好戏是烹调。夏季水产上市，对于老王来说，没有什么是一把紫苏不能解决的。"上菜，抓紧时间上菜。"紫苏小龙虾出锅，老王生怕食客错过了"最后一分钟"的镬气。

菜园里紫苏疯长。这种生命力极强的草本植物，原产地是中国，在南北方都能随意生长。颜色越紫香味越浓郁，这种"双面紫"在南方才更常见。

"这个紫苏蛮好的。"老王带着妻女一起来到紫苏园。"好香，真的好香。"易敏采了一株，闻了闻。"不香！"小女儿闻了一下，却假说不香，最后自己也被自己逗笑了。"对，再摘一些，一起投。你站远一点儿。"老王和女儿用刚刚采摘的紫苏叶玩起了游戏。

叶片是植物进行光合作用的器官，同时也是防卫工具，通过传递气味，警告入侵者。和很多香草不同的是，内向的紫苏叶被采摘后，还需要借助外力刺激，才能使香气完全释放。冷油下锅，全程小火。叶片由紫变绿，芳香物质紫苏醛充分挥发出来。

紫苏直接食用并不讨喜，用来给鱼调味却很适宜。植物清新，混杂木质的醇厚，甘辛微苦，五味杂陈。高辨识度的芳烈气息，在遏制土腥味的同时，点化食材，使鱼汤的鲜美活泼泼地跳脱出来。

用紫苏调香，这种技法2000多年前就被中国人掌握了。那时，紫苏还有一个充满诗意的名字——"荏苒"。家人围坐吃饭，紫苏鱼获得了一致好评。老王评价道："有味使之出，无味使之入。所以入，往里面走，吃香料味。""王大师说得好！"众人齐声应道。

◎ 紫苏

伍 | 墨西哥龙舌兰
讲述墨西哥的复杂过往

📍 **墨西哥 特拉斯卡拉 瓦曼特拉镇**

余怒未息的火山，正在俯瞰大地。在中美洲，植物以另外的姿态，带给我们惊喜。

何塞·巴尔巴用麻绳套上陶罐，带着当地人特有的取液工具，一大早就从农场出发了。几天前，他选中了一棵植物——一棵一人多高的龙舌兰。

龙舌兰的中心已经渗出汁水，这是制作普尔克酒的原料。何塞手中的取液工具非常像空心的棒球棍，他将细的一头插进了龙舌兰的中心，嘴巴对准粗的一头使劲儿地吸，龙舌兰液就这样留在了这个特殊的工具中。

妻子露露是农场的主厨，正在为即将到来的盛大节日准备食物。本土食材是墨西哥人的首选，不过也有例外。山羊，600 年前跟随西班牙人进入美洲。它也是何塞这次宴会的主角。做烤羊肉，为的是体现节日的隆重，制作它，还需要一种神奇的植物。

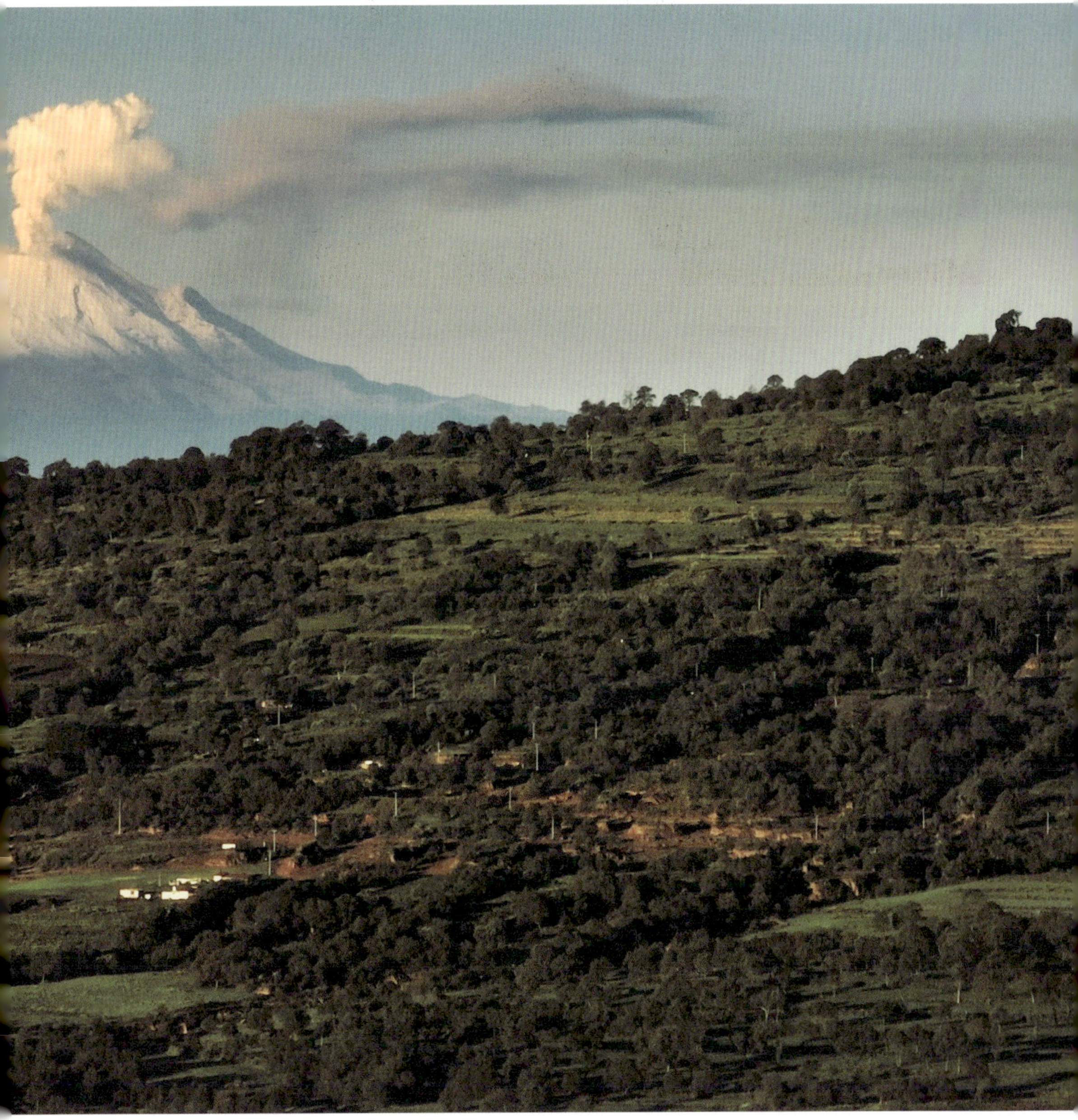

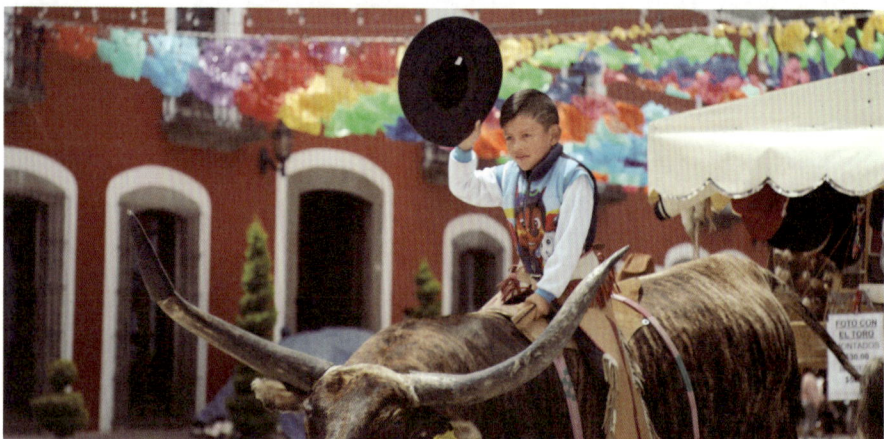

1	1　露露正在向内叶中倒入普尔克酒
2	2　墨西哥龙舌兰
3	3　节日氛围隆重的墨西哥街头

龙舌兰，墨西哥中部最重要的作物，成年后植株高度一般会超过 3 米，在干旱严酷的环境下，它陪伴了一代又一代墨西哥人。何塞感兴趣的是叶片，去除尖刺，挑选肥厚多汁的部位使用。这是他烹饪羊肉的关键。何塞点燃木柴，炉膛迅速升温到300℃以上。坑烤是墨西哥最传统的烹饪方式。烈火炙烤使植物纤维软化。类似芦荟和肉桂的气息飘出，并伴有一种微苦的味道。将龙舌兰的叶片烤至柔软服帖，状态最佳。脂肪含量最高的羊腩盖在顶部。龙舌兰的包裹，不仅让羊肉在高温中保持水分，而且使龙舌兰自身的风味也随高温缓慢地渗入羊肉中。

"这边烟冒出来了，这一边再压一点点。"露露指挥着何塞压好龙舌兰。幼嫩的内叶也有妙用。露露小心地撕开外部包膜，塞进腌制好的各种食材，再倒入普尔克酒调味。叶片中的刺激性物质让皮肤发痒。用芦荟擦拭才能缓解。何塞忙帮露露在胳膊上涂抹芦荟。

"我叫费尔南多·德拉莫拉。"费尔南多骑着马而来，与何塞行了击掌礼。"非常愿意为您效劳。"何塞回应。

战歌响起，何塞戴上了属于墨西哥人的草编礼帽，一步步向烤炉走去。经过 5 个小时的等待，炉坑内发生了奇妙的变化。龙舌兰包裹的烤肉，酥烂油润。

植物气味完全渗入肉中，苦味中和了油腻，也衬托了羊肉的鲜甜。空气中散布着美妙的肉香、植物香与炙烤的香气。叶片凭借天然的赋香能力，不断叠加风味层次，为人类烹饪拓宽了思路。传统的花毯、舶来的女神，还有宽厚叶片中的美味，都在讲述墨西哥的复杂过往。

陆|赣州荷叶
东方智慧赢得调香的名分

📍 **江西 赣州 中古村**

墨西哥人从植物的叶片中借香，在东方，也有相似的智慧。

黄金花拉着木板车在前面走，还不忘对家人喊一句："快点儿来，加油。"一车满满当当的猪脚，是办乡宴用的食材。操办乡宴30多年，黄金花在当地已小有名气。去毛后的猪脚平铺在桌面，黄金花看了称赞道："漂亮。"主料已经备好，辅料需要点耐心。女儿小花和丈夫谢光泉也是帮厨。"好香，有荷叶茶的味道。"小花说，"你有没有喝过荷叶茶？""吃了荷叶茶，人会变瘦。"黄金花道。

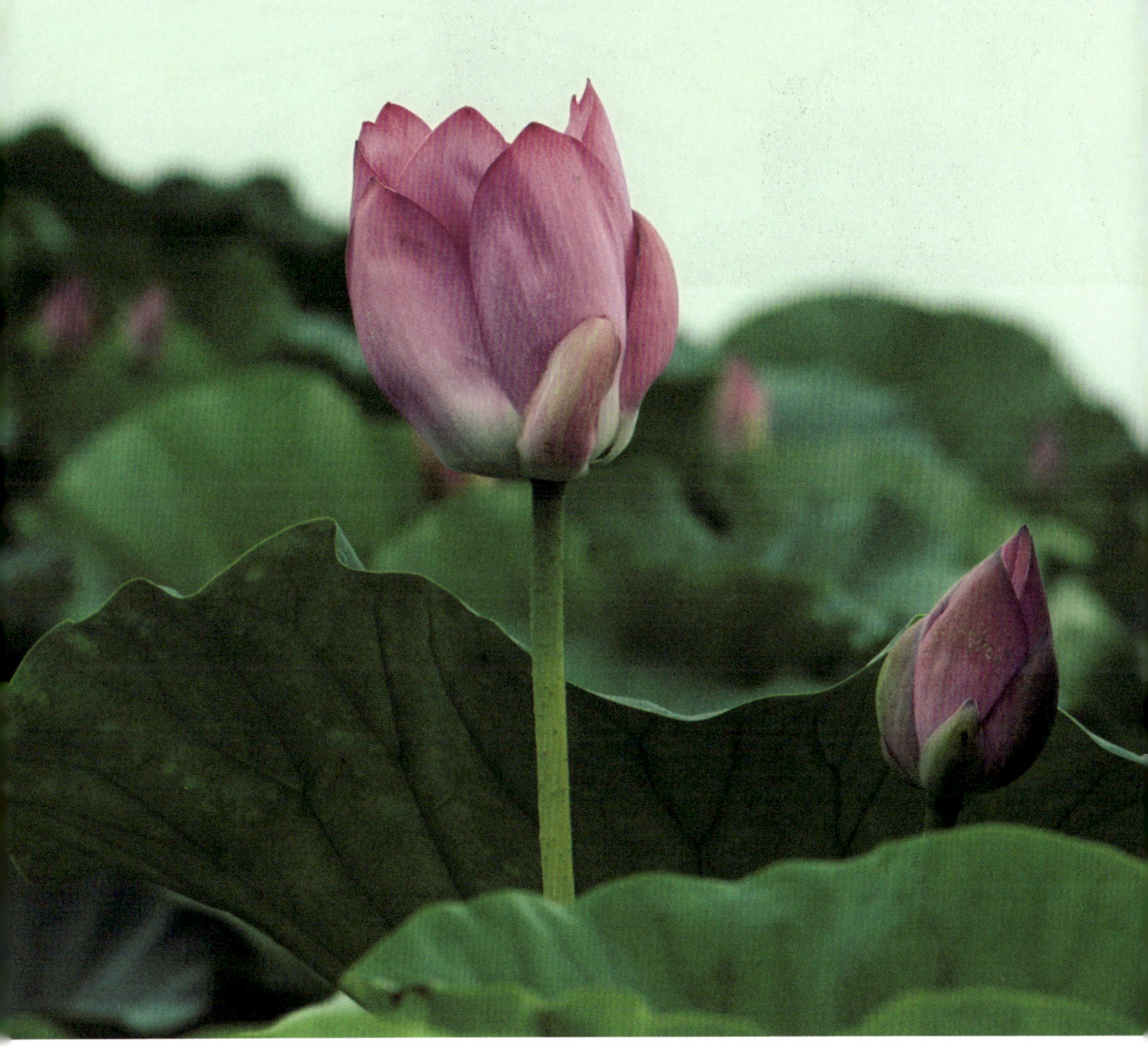

　　将干荷叶入水汆烫三五分钟，就要迅速捞起，干荷叶恢复柔韧；沸水不仅带走生物碱的苦涩，也激发出荷香。在腾腾的蒸汽中，小花的脸部湿润，她不由地感叹道："皮肤都变好了。"

　　烫煮过的荷叶，要快速用冷水冲洗降温以保持韧性。荷叶具备疏水功能，非常适合盛纳食材。它香气清新淡雅，不论包裹肉类、谷物，还是鱼鲜，都能增香却不夺味——这是中餐烹饪的境界。主料与荷叶相遇，诞生了众多以荷叶命名的菜肴，如荷叶蒸鸡、荷叶蒸鱼、荷香粉蒸排骨等。

　　主菜制作到了关键步骤。将切成大块儿的带皮五花肉提前腌制好，拌入同比例黏稠米浆，用荷叶包裹。重重叠叠的荷叶，将肉的肥腴与米的缠绵包裹结实。"包快一点儿就有一个好处——速度快，就不会漏出来，就是完整的。"黄金花教小花道。"你比姑姑还能干吗？"小花问小外甥，"我小时候也这么给妈妈拿荷叶的。"

　　一米高的大甑，聚拢水汽作为导热媒介。风味的融合交换，在大甑里潜移默化中进行。荷叶的清香逐渐深入肌理。"光泉，假如明天下雨怎么办？"黄金花问道。"那就到房间摆桌子。"

　　赣南山地，晴雨莫测，好在天公作美。这片崇山峻岭，曾多次接纳南下的中原人。

　　这个叫客家人的族群，至今习惯用宴席维系感情。这次举办乡宴是为庆祝女儿的养殖场开业。裹蒸 6 个小时，猪肉丰沛的滋味完美隐藏在荷叶中。米粉肉挣脱束缚，却留下了荷香的印记。猪肉软烂中带着植物的清新。

　　不论汽蒸还是火烤，以包裹的方式添香增味，让不是香料的植物，赢得了调香的名分。

1 荷叶蒸鱼　　2 荷叶蒸鸡　　3 荷香粉蒸排骨　　4 荷包胙　　| 1 | 2 |
| 3 | 4 |

柒|苏州桂花　萦绕在江南人家的岁月里

📍 江苏 苏州 光福镇

秋季，整个苏州都被一种花香笼罩。

黄月仙听着苏州评弹，手上飞针走线。丈夫顾菊敏问道："要是明天下雨，没有办法去打桂花怎么办？看看别人家怎么弄。""要不，明天早上早点儿去打？"黄月仙说着，手上的刺绣不停。"只能这样了，不然来不及了。"顾先生说完，继续看书。

一大早，顾菊敏夫妇前往后山的桂花林。"这边路不太好走。"黄月仙提醒。"走那边上去吧！"顾先生带着黄月仙改了道。天气转凉，桂花进入盛花期，花农们要在短短两三天内采集完毕。"你们也在忙啊？你们都打了这么多桂花了。"黄月仙看到，隔壁邻居一早来的收获不少。

清晨的桂花，香味最为浓郁，带着水汽，也更易脱落。

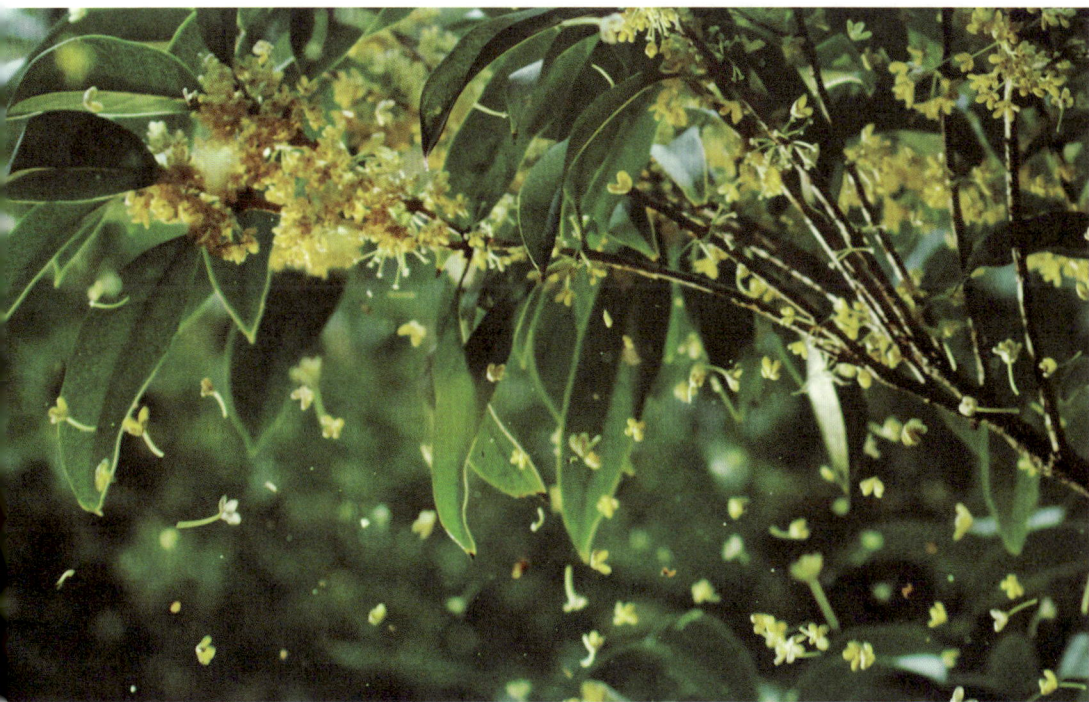

黄月仙和顾菊敏在地上铺好防水的塑料布，拿起竹竿向树上挥去，这就是花农所言的"打桂花"。桂花如雨般落下，这是苏州人对秋天的记忆。它的芳香油挥发性极强，香气如千军万马奔腾，沁润整个山林。

◎ 金桂

桂花在中国文化里地位尊显，无论在诗词歌赋里，还是在日常生活中，都承载着这个民族特有的浪漫。

古诗词中的 C 位：

欲买桂花同载酒，终不似，少年游。　[宋] 刘过《唐多令 · 芦叶满汀洲》

人闲桂花落，夜静春山空。　　　　[唐] 王维《鸟鸣涧》

山寺月中寻桂子，郡亭枕上看潮头。　[唐] 白居易《忆江南三首（之二）》

重湖叠巘清嘉，有三秋桂子，十里荷花。[宋] 柳永《望海潮 · 东南形胜》

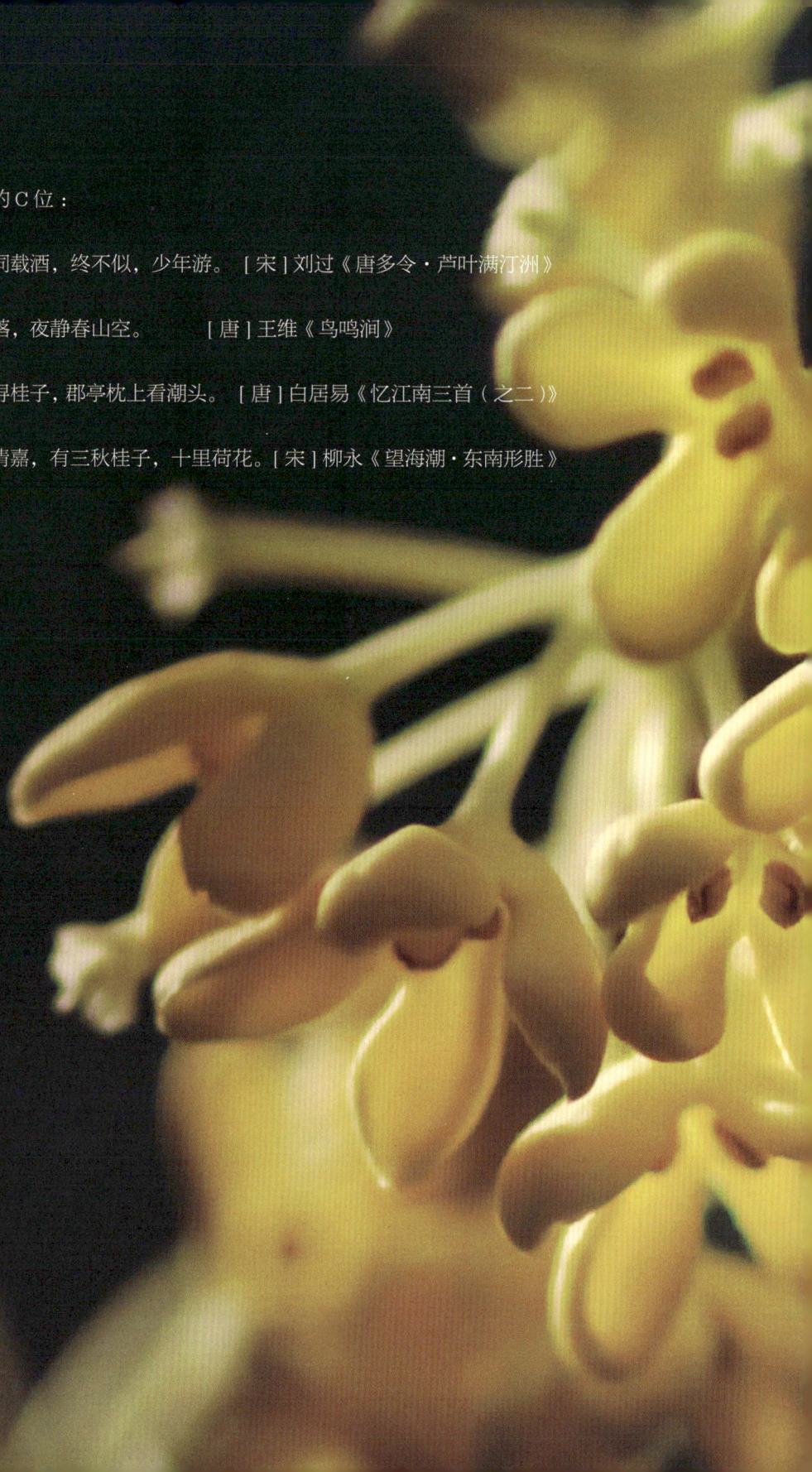

　　小孙子和黄月仙一起筛桂花，黄月仙叮嘱道："沿着一个方向。桂花香，香不香啊？"桂花的香气感染了采摘的人，黄月仙满眼笑意地看着小孙子。男人们喊着号子，将载满桂花的箩筐挑进院子里，倒入成排的大缸中，再戴上斗笠一样的"帽子"。

　　新鲜桂花闻着香甜，但吃起来却有些微苦。用梅卤和海盐腌渍，高盐、高酸下桂花能很好地保存香味和颜色，并且不会有苦味。这种方法最早可追溯到宋代。

　　桂花的香，在大俗与大雅之间游移波动，难以精准拿捏。苏州的传统手段是加入蜜糖。在甜的滋养下，"神经质"的桂花香得以缓缓沉淀，成为情绪稳定的江南之味。

　　人们把江南的富庶，凝聚在桂花里。这风雅与清甜，穿越了千年。

花期虽短，但苏州的一年四季，人们都可以在糯米、莲藕甚至小排等菜肴里，享受那明媚饱满又稳妥的香气。

黄月仙正教着小孩子怎么搓桂花泥："再拿一个搓一搓，搓团有左转或者右转，你是用左转啊。"中秋节，黄月仙会制作各种家常点心，少不了桂花的点缀。糯米糕团，开锅后趁热放入桂花酱，年糕的软糯、桂花的芬芳让团圆的日子多了几分香甜。

桂花香了，家不远了。

黄月仙的团圆饭做好了："都来吃饭啊。"顾菊敏回忆起年轻时候的劳作，跟孩子们说道："以前最早时候，桂花是要爬到树上去摘的，是一个一个把它摘下来的。""那时候上学，每到桂花熟透的时候，学生都是放假回家摘桂花的。"女儿补充道，"就统一放'桂花假'。""跟农村放假帮农忙一样。"女儿的回忆被激起："反正在外面每次闻到桂花香，就想到家里的桂花已经开了。"

桂花香，像吴侬软语，萦绕在江南人家的岁月里。

1	2	3
4	5	6
7	8	

1 桂花枣泥方糕
2 桂花小排
3 桂花糖芋
4 桂花莲藕
5 桂花鱼
6 桂花肉
7 桂花糕
8 桂花家宴

捌 | 伊朗番红花　干涸高原的生命之树

📍 **伊朗　马什哈德**

"不在花园长大的花朵一定带着刺，运气不会轻易降临。"老者唱着歌，这是属于一种花叶特有的主题曲。在亚洲西部，有一种香料，它同样来自花卉，曾令世界为之疯狂。

马什哈德，丝绸之路上的重要绿洲城市。在盛宴、小吃、茶饮中，人们诉说着番红花的传奇。全球 80% 的番红花来自伊朗。

"吱呀"一声，房门被推开，泽娜卜·穆哈耶拉尼拿着陶桶从家里走出来。清晨洒水，是泽娜卜从小养成的习惯。水在当地格外珍贵，人们相信这样做会带来幸运。揉碎的番红花与薄荷、胡椒混合，给面饼调味。这里物产并不丰富，一点儿小心思，就能让素淡的面饼陡然变得诱人。

干旱的大地漫无边际，几乎很难有植物存活。荒漠里拥有世界上最古老的坎儿井，这是一种独特的灌溉系统。此地依赖雪山融水来滋养生命。

夜幕下，原本干旱、光秃的土地，长出妖娆的花朵。

番红花为了这一刻怒放，积蓄了所有的能量。一旦太阳升高，曝晒和干旱随之降临。

采摘在清晨开始。泽娜卜带着女儿那费雪一起采摘清晨的番红花。花朵娇贵易折，只能手工摘取。为了防止高温脱水，要最大程度地保留芳香物质，花农们必须和时间赛跑。采收完成，忙碌才刚开始。鲜花容易变质，为了能当天完成抽丝，泽娜卜找来亲戚帮忙。

番红花指的不是花朵本身，而是里面的三根花柱，制作 100 克成品需要近 15000 朵鲜花。分离出的花柱，需要及时进行干燥处理。新鲜花柱并没有香味，脱水去除苦味后，番红花醛也随之产生，花柱最终成为香料。

稀缺的出产、烦琐的程序造就了番红花的昂贵，但真正让它身份高贵的，是与众不同的香味，还有猩红的色泽。加入冰块制成溶液，颜色饱和度更高。它的着色性极强，其中的类胡萝卜素能使 15 万倍的液体变成金黄色。

　　在伊朗，厨师会制作一道明星菜品，用番红花先给稻米赋予宝石般的色泽，再堆叠上繁多的食材。花香将这道菜通体晕染。这就是塔钦，伊朗的肉馅米糕。着色、调香俱佳，让番红花戴上了"香料皇后"的桂冠。人们试图用干草、蜂蜜、泥土等气味来形容这股甜香，却发现无法精准描绘它那从波斯王朝穿越到今天的复杂与雍容。

◎ 番红花花朵

　　一年中最忙碌的时节过去了，田里鲜花褪尽，山村又恢复到往日模样。曾经被欧洲视作香料天花板的番红花，今天变得格外家常。番红花几乎出现在美食制作流程的每个步骤中，简单一撒，就能赋予食物诱人的色泽和香气。生活在这片土地上的人们，以辛劳换取绿洲，正如番红花，它像干涸高原上长出的生命之树。

　　大地苍茫，花香化作信使，点装岁月，抚慰人心。

湖南株洲，老王晾晒紫苏，保存后以便冬季使用。

意大利热那亚，

罗勒开始出现在西蒙的甜点里。

江苏苏州，黄月仙和爱人修剪桂花枝，以待来年。

花繁叶茂，渲染山川，也激活人类的味觉。

摘花飞叶的巧思，把一日三餐的平铺直叙，

提振得精彩纷呈。

人们彼此间心意的款曲，也能借香气得以暗通。

一花一叶总关情。

04

秘香
寻踪

每一种香味，都在讲述自然与人的故事，
讲述游历于世界各处的浪漫奇遇。
但总有一些，
或藏身隐秘的角落，
或迷失在时间的长河，
香踪难觅。
让我们带着好奇心，万里求索，
找回那些香料世界的遗珠。

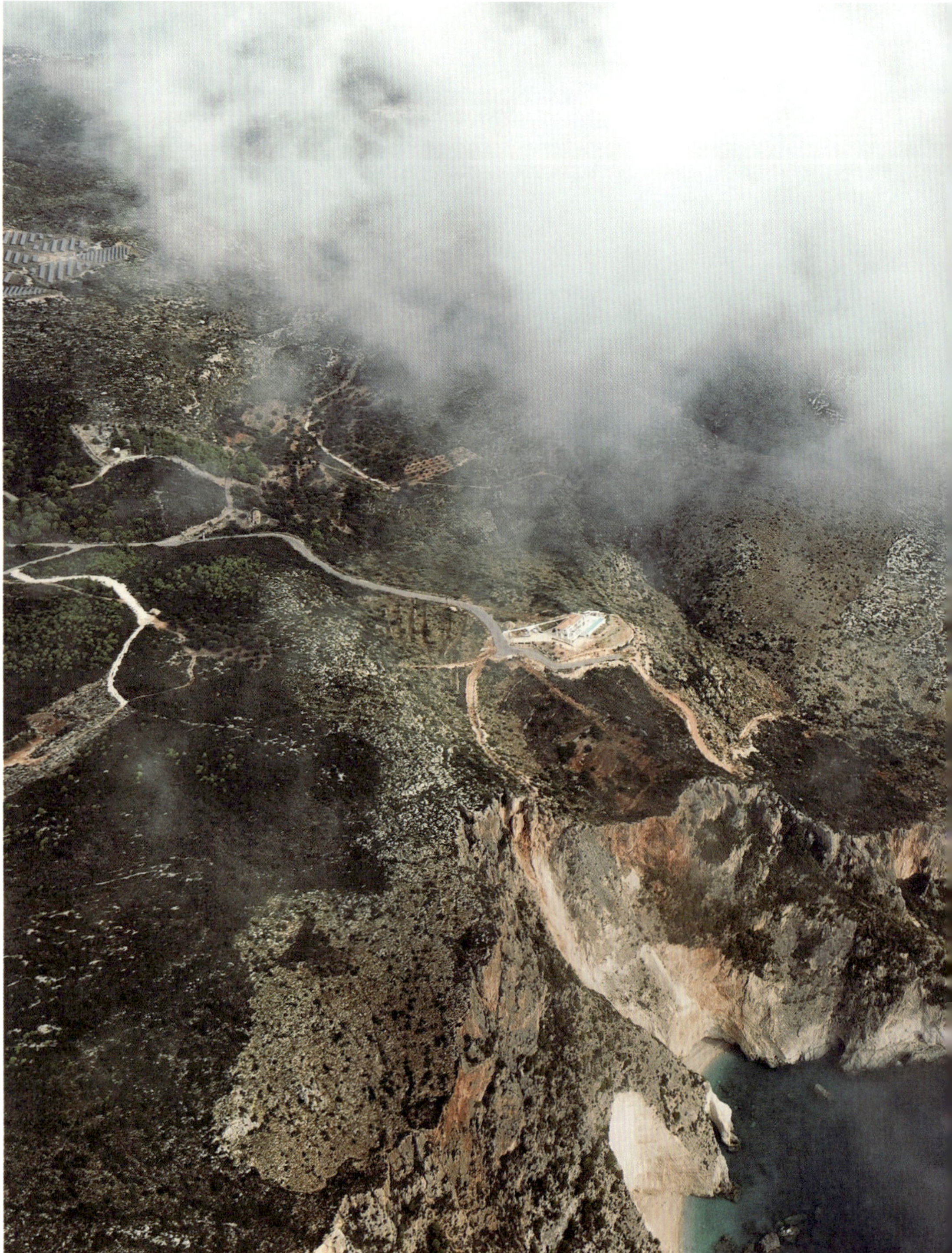

壹｜希腊熏陆香　希俄斯之泪

 希腊 希俄斯岛

炎热的夏季，希俄斯岛一直没有下雨。

在一天中最热的时候，拉扎罗·帕纳约和姐夫开始工作。第一步，用石灰粉在树下铺出一张洁净的"餐桌"。接下来，在树干上划下浅浅的刀痕。岛上遍布这种漆树科小乔木，一千年来，半数的人以它为生。

拉扎罗走向姐夫，说道："往边上挪点儿，让我坐在你旁边。"姐夫索多洛斯·西德拉克里斯拿出自酿的饮品，递给拉扎罗共同享用。

阳光炙烤下，林间有股异香流动。希俄斯，在希腊水手的传诵中曾经是一座可以靠气味领航的岛屿。

1　拉扎罗在树下忙碌
2　被称为"希俄斯之泪"的熏陆香

拉扎罗跟孩子开玩笑说："如果你们谁能找到一个不合适的西红柿，我就跳进海里。"不劳作的时间里，玩传统的游戏、看报纸、晒太阳，对于拉扎罗来说，是最惬意不过的生活。

岛上的村落有近千年历史，无处不在的微风，让暑热有了一丝惬意。阳光、海风、石灰石，是爱琴海送给这座小岛的礼物。

斗转星移，日夜交错，伤口处流出的汁液，凝结成泪滴般的形状。这就是树脂，它可能是最古老的香料之一。中国人给它起了一个暖风拂过般的名字：熏陆香。

夜间凉爽，树胶质地变得坚硬，石灰粉保证了它的清洁和干燥。

树胶的收获非常烦琐，需要多人参与，村子里至今保留着合作社的生产模式。熏陆香，散发松木和柑橘的气味，入口还能感受到月桂烯带来的香甜。加热后，变回黏稠胶质，成为地中海地区最早的"口香糖"。它的清新明亮，在蓝色爱琴海上闪烁着"无所顾忌的光芒"。

土耳其 伊斯坦布尔

这光芒，也让四海里外的土耳其人目眩神迷。在土耳其这个连接欧亚大陆的国度，甜蜜是土耳其共同的语言。那种绝对的甜，甚至可以理解成是对口腔的"霸凌"。不过，也需要熏陆香的参与。

羊奶煮沸，加入熏陆香，后者的清新平衡了甜腻。特殊的制作工艺让熏陆香质地黏韧，常温下也能保持形状。用熏陆香做成的世界上最有嚼劲的冰激凌，甚至能用刀叉来食用。

希俄斯岛最大的节日即将到来。拉扎罗的太太开始准备食物，当然少不了使用熏陆香。作为希俄斯岛的骄傲，它出现在各种菜品里。最受欢迎的是希腊肉丸，熏陆香给它带来希俄斯风味。出锅前洒上当地的乌佐酒，人们便叫它"酒醉的肉丸"。拉扎罗的太太和婆婆说："我在雅典时用的那个电饭煲有这个炸东西的功能。"她捡起一个肉丸子，放入嘴中："很好吃。"几个人开心得左右舞蹈，而肉丸的香味此刻也正在舌尖上舞蹈。

在漫长的历史中，这座小岛的治辖权曾多次变化，而树脂的甜香和人们的乐观却始终不变。"干杯，伙计。"

站在历史的视野里，审视孤岛与家园，这也让人想到熏陆香的另一个名字——希俄斯之泪。

◎ 土耳其冰激凌

贰|广东瑶柱　让家常菜蔬拥有海洋风味

📍 广东 湛江 江洪镇

　　一般认为，香料的香只在山林中凝聚。然而水并不是一味地稀释香，尤其在海底。 扇贝，种类众多，是一种不会束手就擒的贝类。

　　遇到危险时扇贝会"鼓掌"逃跑。但海底天敌易躲，陆上人类难防。北部湾正在收今年最后一批扇贝。王维如也想来碰碰运气。"娥姐啊，螺（即扇贝）卖给我吗？"娥姐回复："卖给你。"小如开心地笑了，翘起一个扇贝的壳，里面的白肉顿现。"这螺还挺 OK（好）的。""你说 OK，我也不知道 OK 是啥。"娥姐调侃道。"你帮我挑一下。""我帮你铲，快点儿啊，要不然没有了。"看小如动作慢，有人忍不住上来帮忙。

　　离开海水，扇贝的存活时间不足一小时，所以要尽快处理。"娃呀，来开螺，会开吗？"小如招呼孩子一起来开扇贝。"我们哪里会啊！"两个小孩子说。"那你怎么不学？"小如问。"我怕螺钳我的手呀。有些螺，钳我的手，钳得我要痛死了。"小如一边干活，一边跟两个孩子说："那就站起来放开螺就好了。我小时候是靠这个赚零花钱的，学不会也得学啊！"母亲李月珍听着小如如是说，不禁想起那段小如小时候的岁月，脸上露出一丝微笑。

海边长大的小如，对扇贝的构造和习性了如指掌，健硕的闭壳肌——扇贝游泳全靠它——是小如获取的目标。这里储存着丰富的呈味氨基酸，是对抗海水渗透压的产物。

晾晒后，闭壳肌内的蛋白质停止水解，鲜味物质被牢牢锁住，成为古代所谓的海八珍之一——瑶柱。休渔季里，因为要生产瑶柱，所以处理扇贝成了当地人最重要的营生。

"妈妈，这个螺肉晒得很干了，落在盆里哐哐响。"小如和母亲李月珍汇报瑶柱的情况。瑶柱在沿海地区饮食中很常见，炒菜时放上一把，滋味平和的家常菜蔬也拥有了海洋风味。"吃饭。"母亲招呼小如一起坐下。"好吃。"鲜亮的味道是海边人永远的爱。

小如和母亲说起自己的计划："我今天看到一条招聘信息，是需要用电脑工作的那种，工资一个月有 5000 多块，地点在广州。"李月珍说道："有什么工，你就去做啊！""我再看看。"虽然向往广州的都市生活，小如还是舍不得离开海边人家的"小确幸"。

在小如向往的广州，瑶柱有一种进阶的用法。蛋白酶水解，进一步产生更多的鲜味氨基酸。火腿、海米混合，快速翻炒，一时间八"鲜"过海，各显神通，最后成为一种调味品。

这时它拥有了一个新的名字：XO 酱。这个名字，曾经代表一种"高级的洋气"。

XO 酱的名字虽然很张扬，却是广府菜中低调的存在，它总能把主角捧得熠熠生辉。

© XO 酱龙虾萝卜糕

叁|浙江香菇　从自然中获得的灵感

📍 **浙江 丽水 黄谢圩村**

故事可能要从大山里说起。快四月了，春天的脚步不紧不慢。段木在山里放上一整年，张华才将其背回家。

一进院子，就听见老伴张林珠的声音："拿点儿盐来。我们要不一半拿来用模具印，一半拿来包香菇馅。糯米是要放的，要不太软了就印不起来。"

原来，老伴正和邻居忙着包青团，清明节快到了。"他把你们几个的视频发抖音了，我把你们说话的声音关掉了。"张林珠说。因为有了自媒体平台，所以山里的生活也有了展示的舞台。张林珠将山野的绿意与清香揉成个团团，作为时令的注脚。

　　山高林密，耕地稀少，这里的先民从自然中获得灵感。老张拿着特制的斧子在段木上凿了起来。段木质地坚硬，陈放后彻底失去活性，是老张眼里合适的"温床"。在树干上均匀地凿出半寸深的小孔。塞入菌种，再敲进楔子。属于老两口的"春耕"就完成了，这是延续了几百年的传统技法。

　　老张的闲暇时光属于二胡，但是年纪大了，他难免忘了曲子。"忘记了，忘记了……"老张感叹。张林珠发表了来自亲人的"暴击"："你拉以前的古老调好听一点儿，现在你拉的这些不好听。"在等待的时间里，老张热衷于记录家族历史和民间传奇，他坐在电脑桌前敲起了键盘。要知道，如今老张初稿已经积累了上百万字。

　　山里云多雾重，冬春季节，空气湿度最高在 90% 以上。两年前种下的真菌，早已将段木蚕食。老张敲着一块块段木，帮助真菌生长。敲击，菇农称为"惊蕈"。震动刺激下，懒散的菌丝整肃队形，有了破木而出的力量。

　　真菌，是世界上重要的木材分解者。菌丝生长、纽结，最终形成的子实体，就是我们熟悉的菌菇。

张林珠将香菇采摘下来，带回家里。摘下后，香菇的风味进程才刚刚开始。中国人在干制过程中，意外发现了它香气的奥秘。炭火催动，酶的活动加快。浓郁的异香缓缓升腾，鲜味物质也呈几何倍数增加。这让它脱颖而出，在6000多种菌菇里，独享了"香"字的头衔。乍暖还寒，老两口要准备一顿热乎的晚餐。未过滤的黄豆浆煮沸后在当地叫"豆腐娘"。在这里很早就开始人工栽培香菇了。在南宋，它就稳定地出现在当地人的餐桌上。鲜香浓郁的浇头，让素淡的豆腐娘妙趣天成。干制后的香菇，走出大山，惊艳了更广阔的地域。与水相遇，仿佛注入了生命，香味被唤醒，同时释放出鲜味氨基酸。

江南人对鲜的追求，两个东西不可缺少——一个是火腿，一个是香菇。经过时间历练得来的鲜，是中国人对滋味儿的独特理解。

不过，香菇压箱底的绝技要想得到施展，还得到长沙。闹市之中，也藏着人类调香的秘密基地。在长沙，每天约有12万片臭豆腐为这座城市增味。臭，是香的反面，也能转身成为香的升华。

冬至起卤，干香菇和冬笋以二比一的比例混合，发酵三年。时间让一切泯然无形，香菇中的化合物氧化，产生的色素漆黑如墨。一向以清白著称的豆腐，跟随它走向"黑化"。蛋白质水解、转化，产生高浓度吲哚类物质。浓鲜伴随奇臭，轰隆隆碾压一切。即便反复冲刷，也无法"洗白"。奇妙的是，只要下一遍油锅，黑色方块便再次重生。当牙齿刺破焦酥的外皮，口腔里一时香臭莫辨，这正是香料的奥秘。

◎ 香菇菌丝生长

143

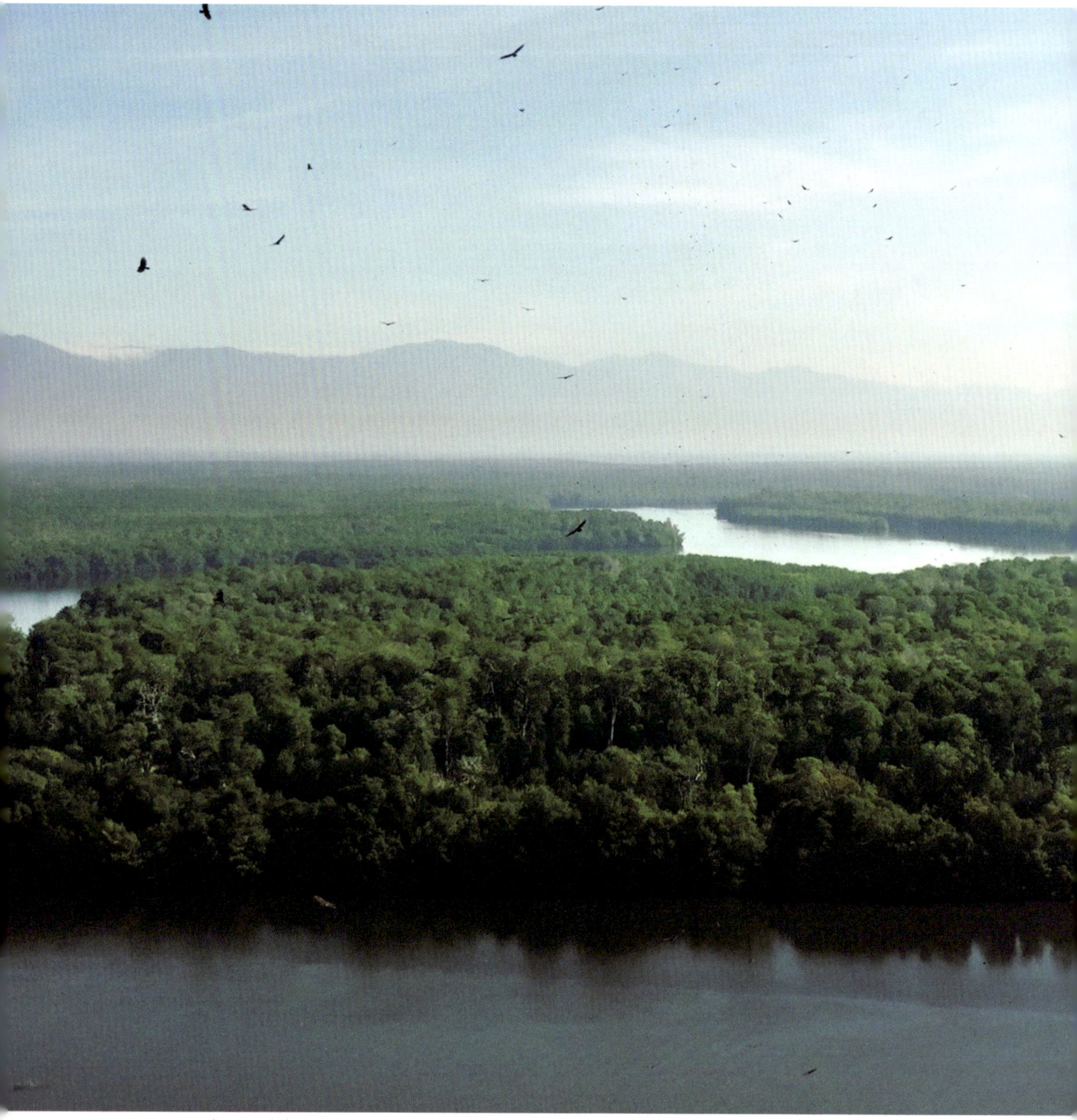

肆|墨西哥可可
甜品界的流量担当

📍 **墨西哥 索科努斯科地区**

中美洲的热带丛林，狂野、魔幻。一粒种子，从这里走出，成为影响世界的超级美食。

在隐蔽的低层林间，可可果已经成熟，它们错落有致地挂在树干上。植物学中称之为"老茎生花"。

半年的时间，它积累了充足的糖分。为防止垂涎已久的松鼠和鸟类，尤兰达和丈夫安东尼决定先下手为强。

安东尼说："等到以后再收割的话，松鼠就会把这个果子吃了！""是的。我给你这个，我再去拿另外一个。"尤兰达说道。"奇怪，松鼠还没吃这个。"安东尼不解地说。"那就放进去。"

可可树一年四季都能挂果，主产期在十二月，尤兰达夫妇每天都离不开 3 公顷的小农场。因为品种和成熟度不同，果实呈现出多种色彩。厚重的果壳里，是多汁的果肉，味道像山竹般甜美。

"你的剪刀不止割头发，也割可可果。"尤兰达给安东尼理发，安东尼打趣地说。"我割头发，也割可可果——两个都割。"尤兰达早年在理发店做学徒，结识安东尼后，围着可可树过起了田园生活。"把头发擦得干干的。"头发剪完了，尤兰达给安东尼擦拭起来。"好了？谢谢。""你的头发剪完了。"尤兰达看上去还是个自信的理发师。"谢谢，差你多少钱？"安东尼笑着说。"看看，付我多少。"安东尼在尤兰达手上一拍，像小孩子过家家一样，把"钱"付完了。"差个小镜子给我照照。"看不到自己帅气的新发型，安东尼就对着空空的墙壁照了照，仿佛那里有一面魔镜一样。

果肉消耗殆尽，略带涩味的清淡豆子，渐渐显现出令人喜爱的风味。经过闭关修炼和阳光洗礼，它开始出现熟悉的酸苦味。此时，还缺一点儿最受人们欢迎的可可甜香。土陶锅预热到 120℃ 以上，温和烘焙。焦糖、坚果的甜香中，带着微妙的果味与酸度。小小的可可豆中，蕴藏了超过 600 种风味物质。

◎ 可可

◎ 波佐尔

◎ 巧克力

　　这种营养丰富的豆子，当地人并不把它看作食物。他们将可可与各种香草、坚果甚至辣椒混合在一起研磨。浓烈、冲突的香气，最终被可可脂包裹，漾开在奶油般甜甜的温厚中。魔力酱，新旧世界大交换时期诞生的香料乱炖。它是墨西哥的母亲酱，没有固定的搭配。香料川流入海般汇集到一起，出现在每一次庆典、聚会上和街头日常之中。

　　走出美洲，可可一路辗转，直到进入工业化时代，才出现了我们所熟知的巧克力。可可脂的熔点为 36℃，与人体温相近，因此有了"只融于口，不融于手"的奇妙体验。人们迷恋这种丝滑美妙的口感，浓郁多变的风味，并赋予它甜蜜与爱的寓意。尤兰达给孩子们准备了热可可。最初，这种豆子就是这样走进人类生活的。可可曾被看作神赐予的礼物。如今，它也是平常人的幸福滋味。一粒苦涩的种子，穿越时空，最终成为甜品界的流量担当。

伍|广西肉桂和锡兰肉桂
香料世界的双子星

📍 **广西 防城港 扶隆镇**

香料即便同宗，有时也会风味各异。一对香料世界的双子星，将展示它们在不同地域的拿手好戏。

雨季刚刚开始，被乡亲们称为"军长"的黄祖军，等来了一年中最重要的收获。十万大山，广西重要的气候分界线。山林中，一种高大的乔木正在发生微妙的变化。村民们8年前种下这片树林，为的并不是木材。

　　雨季，树木水分快速上下交换，外皮变得柔软，更容易脱落。 这就是中国人熟知的桂皮。树皮内用来自卫的肉桂醛被唤醒，散发出樟脑气味，清凉辛香。

　　"军长"挑着割来的两大捆肉桂，穿过小小的街巷。大家看着那两大捆的肉桂，冲黄祖军喊道："厉害啊！'军长'，你偷人家的桂！"黄祖军脚步未曾减慢，笑着回了句："我偷桂来了！"黄祖军心情不错，唱着歌，割着桂皮。熟练的桂农，一天能割 100 斤桂皮。"军长"斩获不少，但劳作远没有结束。

　　小镇里弥漫着醒脑的香气，每个人都参与了这场桂皮的变身。 为期不足一个月的季节性劳作，将产出 8000 吨成品。晾晒脱水，重量减轻三成。蜷缩成类似香烟的形状。这是卖价最高的烟仔桂。

　　馥郁辛香之上，是深邃的木质香气。入口甘甜，单宁酸的微弱涩感紧随其后。桂皮与肉类的缘分，一结就是 2000 多年。卤水之所以成为中餐代表性的复合味型，桂皮功不可没。

广式白卤中，它与鹅翼短兵相接，去腥提香。川式油卤，桂皮粉在红油卤水中与兔头相濡以沫，助推香辣风味；北方酱肉，更少不了桂皮，它能把猪肉调教得不油不腻，温润可口。

卤水的魔法，一经染指，食材即告脱胎换骨。中国各地的卤料配方，君臣佐使，百般腾挪，但总有桂皮左右逢源。

1|2
3|4   1 肉桂拿铁   2—3 肉桂制作的甜品   4 桂皮烧肉

📍 丹麦 哥本哈根

在欧洲，有种香料和桂皮十分形似，但它的风采是在甜品的舞台上绽放。

丹麦，人均年消耗 8.2 公斤糖果。甜，是这个国家幸福的秘密。不过幸福的故事，来得并不那么容易。延斯被朋友反绑了起来，他带着护目镜和口罩，看样子是要接受朋友们的"洗礼"了。只听好友乌尔曼口中念念有词："这个可怜的家伙，30 岁了还没有结婚，这个待遇他当之无愧……""受刑"前，延斯对朋友们说："所以，你们听我的劝，要记得早点结婚……"乌尔曼拿起一个袋子，对大家说："来吧，每个人抓一把。哥们儿，属于你的时刻到了！"

原来，在丹麦，一过 25 岁，"单身狗"就会被朋友们"整蛊"——撒甜美、愉悦的肉桂粉，祝愿延斯早日脱单。延斯在哥本哈根一家烘焙店工作。朋友乌尔曼，也是他的老板。平日店里消耗量最大的香料，就是肉桂。

乌尔曼来到批发市场，他看中了一家小店，走过去。"好香啊！你好，你这里有肉桂吗？""是的，这些是来自斯里兰卡的肉桂。味道很纯正。"老板说道。

斯里兰卡肉桂属于小乔木，生长多年，枝干直径也仅有 6 厘米左右，剥出的内皮只有一张纸厚。与广西桂皮相比，它少了辛辣，多种芳香醇带来了柑橘味和花香。这些物质，也被称为"甜味的放大镜"。

在北欧，它是甜品的最佳拍档。用肉桂粉、黄油和糖制成馅料，是最传统的配方。但在造型上，乌尔曼一直在寻求变化，将甜蜜深入面包的每寸肌肤。

肉桂在 16 世纪才登陆欧洲，但它很快就赢得了北欧人的喜爱。它与面粉里应外合，主导了一种面包风味——这就是肉桂卷，乌尔曼的得意之作。

肉桂本身并不含糖，但它的香气，让人联想到甜蜜，就像童话的结尾。

◎ 肉桂卷

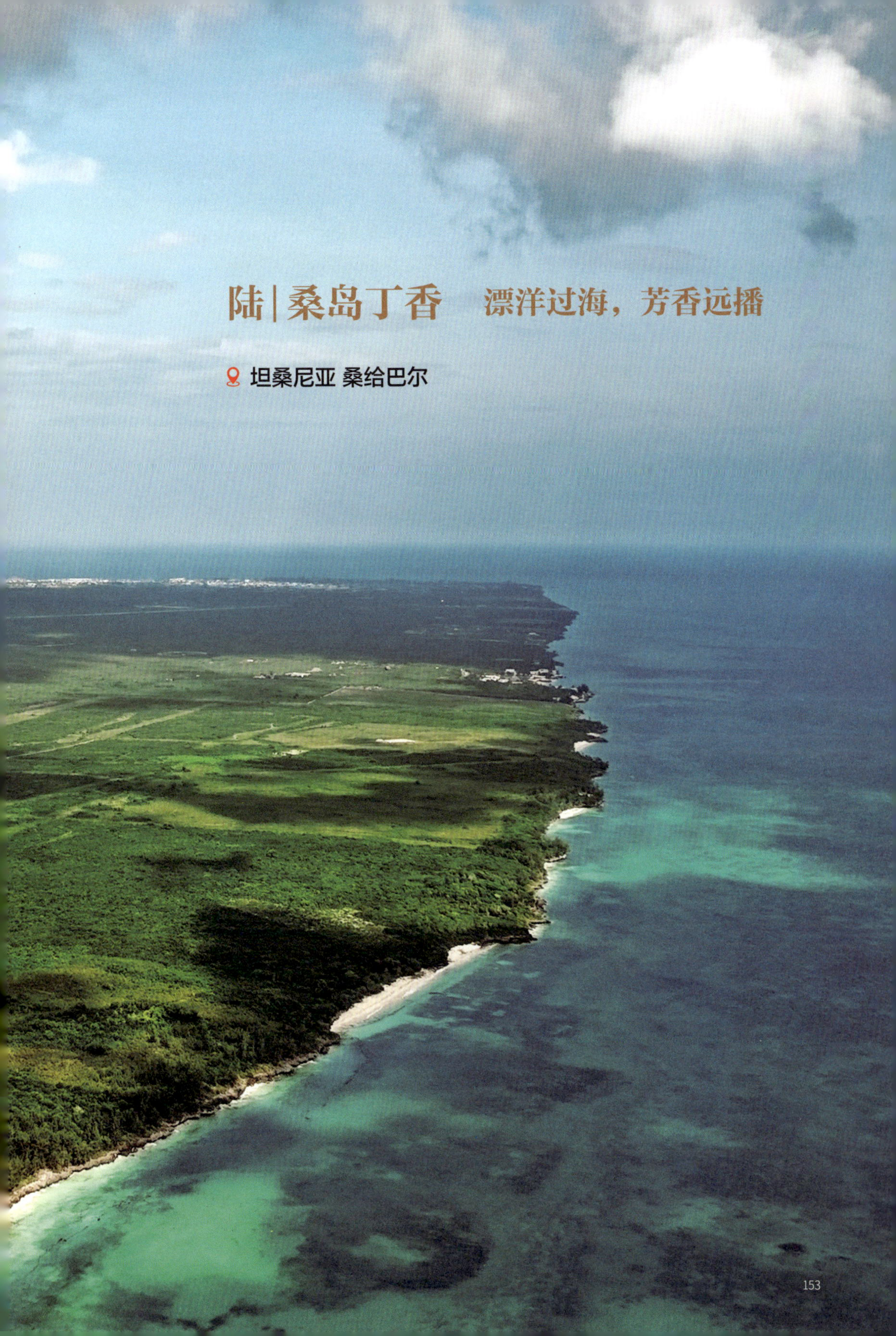

陆 | 桑岛丁香　漂洋过海，芳香远播

坦桑尼亚 桑给巴尔

香料的流转，不仅影响一个地域的饮食，有时也会彻底改变当地人的生活。

桑给巴尔，大航海时代的贸易枢纽。十二月，南半球进入夏季，掌管着一片丛林的"大块头"开始行动。"大块头"人如其名，身材健硕。林中弥漫芬芳，一颗颗钉子大小的花蕾由绿转粉——丁香，到了油酚浓度最高的时刻。丁香登陆小岛不过 200 年，如今，岛上每十个人中，就有一个从事与它相关的营生。树木高大，花苞成熟有早有晚。"大块头"只能负责在树下接应。去掉多余茎秆，花蕾中储存着最丰富的芳香精油。

话梅般的香甜中，跳动着类似胡椒的俏皮辛辣干制，让它极具穿透力的香气，转变得深沉复杂。桑岛的种植园有很多是集体承包的，邻里之间，经常一起劳作，也一起就餐。丛林菜肴大多就地取材。用丁香调味，是受阿拉伯饮食的影响。那时，阿拉伯人还带来了抓饭。当然，现在它已经是当地最常见的食物。"无忧无虑，啥事别往心里搁。"这也是"大块头"的信条。

丁香被引种至桑给巴尔岛之后，居民们逐渐放下渔网，投身种植园。如今，全球 80% 的丁香从这里走出，这个小岛也从中转站变成了流转的起点。丁香，这种欧洲曾经极度稀缺的香料，引发了各方势力对这座岛屿的反复争夺。

在中世纪的欧洲，整粒丁香不仅是各式菜肴的辛香点缀，也能彰显主人的身份和财富。丁香自汉代传入中国后，它最早的享用者，也是非富即贵。现代中餐里，丁香虽已失去了显赫的身价，但那抹独特的异香，依然在餐盘里、餐桌上若隐若现，见证着千百年来的风味变迁。香料曾经刺激欧洲人开辟了新航线，被这股浪潮裹挟，丁香也漂洋过海，芳香远播。

1 丁香　2 肉抓饭　3 丁香鸡　4 丁香熏剑鱼

柒|澳门丁香　香料歧途中载浮载沉

📍 **中国 澳门**

与桑给巴尔类似，中国澳门最早也是葡萄牙全球贸易的中转站。

欧惠儿问店员："纳斯里，B2 桌的奶油蘑菇上了吗？""是的，已经上了。"店员答道。接着，她又去协调其他事情："今天送了多少斤牛腩过来？丹尼斯，你已经放过盐了吧？"欧惠儿经营着一家餐厅，所有菜品都出自她的家庭食谱。作为在澳门出生的葡萄牙后裔，她可以将东西方的烹饪手法自由切换。

猪杂口感多变，是东方人钟爱的食材。欧惠儿能轻松驾驭它的风味，她先用丁香水焯烫，再佐以葡式调味法，就成了仅供员工享用的隐藏菜品。

澳门地处珠江口，广东人、东南亚人和葡萄牙人等为当地带来了来自世界各地的风味。但是属于这里独一无二的味道，是土生葡菜。月桂叶、姜黄、丁香——来自欧、亚、非三大洲的香料，辗转万里，相互碰撞，融合出新的风味。比如，冠以葡萄牙国名的这道菜葡国鸡，在欧洲都很难被找到，但它却在澳门诞生了。黎安德的餐厅里就演绎着这样的变化。相似的生活经历，让土生葡菜厨师间有着更多共鸣。

今天是友人下厨。他说:"我觉得我爸当年做虾酱,就是为了整我。"欧惠儿笑着说:"虾酱太臭了。""是的,我和我妹妹宁可饿着,也不愿意打开冰箱。""现在你倒是喜欢它了?"欧惠儿问,"记忆涌现出来,食物承载着美好的回忆!"欧惠儿和友人分享自己的经验。这种从马来西亚传入的虾酱制作方式,经过几代人的演化,已经有了新的模样。家庭菜谱各有不同,银虾可以换成虾米,中国白酒也能换作白兰地。但丁香,始终是不能缺少的香料。经过一个月的腌制,成虾完成蜕变,欧惠儿要用它招待远道而来的亲戚们。土生虾酱,用来制作咸虾酸子猪肉,这是土生葡菜的代表之一。丁香,巧妙躲在鲜与酸的背后。

一大家子人分散在世界各地,说着不同的语言,但几代家庭厨房留下来的混搭风味,是最熟悉的记忆。

在澳门这座南方港口城市,不同的族群漂洋过海在此相遇。香料歧途中,丁香的身影载浮载沉。曾经的辉煌已经远去,但时间记得它参与塑造的地域风味。

$\frac{1}{2}$ 1 土生虾酱   2 咸虾酸子猪肉

收获季结束，拉扎罗和村民们聚餐，
庆祝家人的生日。
春暖花开，老张依旧忠实陪伴，这是他理解的浪漫；
"军长"继续林间的劳作，用卤肉饭犒劳自己。
即便相距万里、远隔千年，
人类与香料的交集从来没有停止满怀期待的寻觅。

未必带来一见倾心的相遇、如胶似漆的厮守，

也难消相忘于江湖的无奈。

无论过程如何起伏跌宕，

或是波澜不惊，

岁月的年轮都会留下一段馨香的记忆。

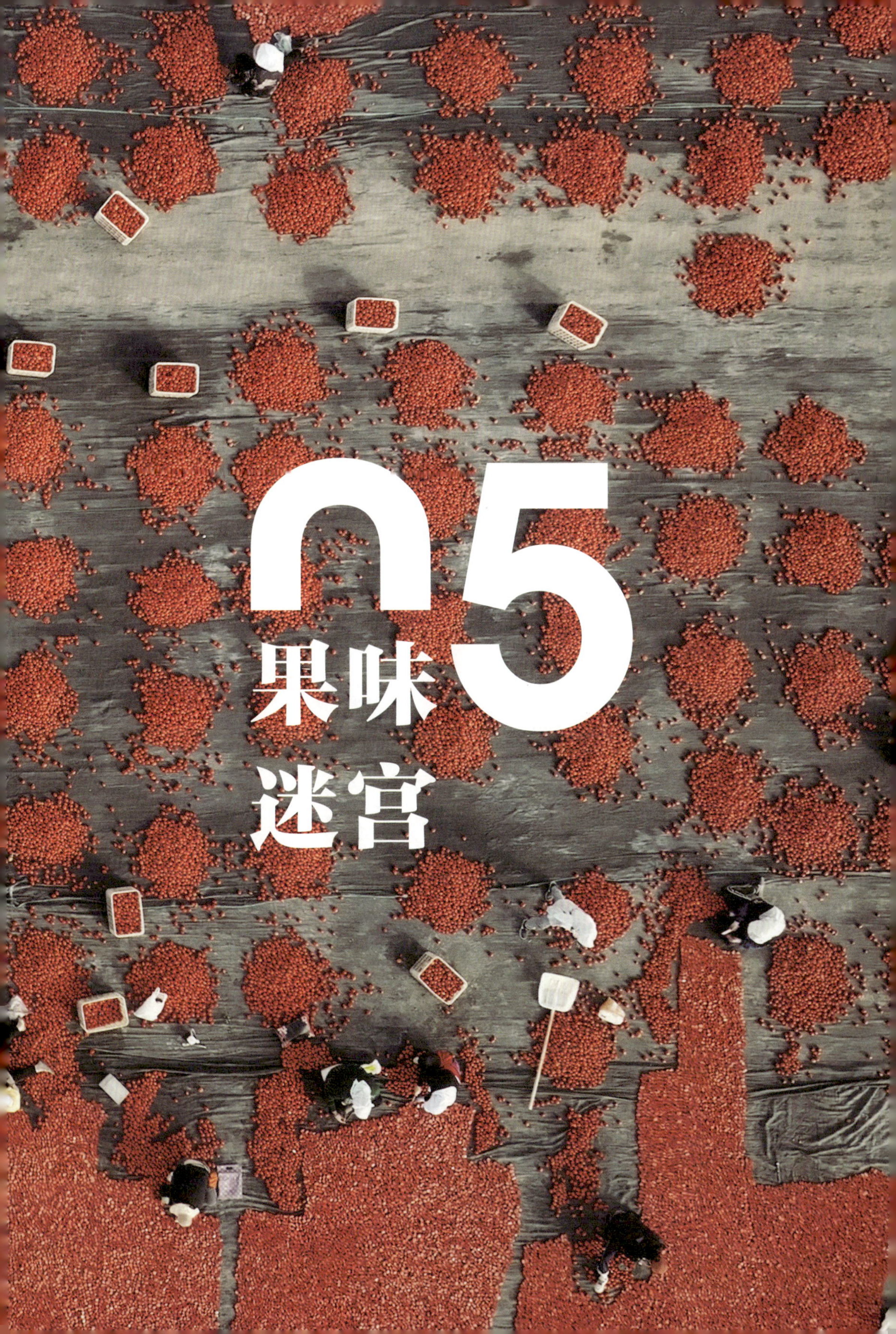

05 果味迷宫

果实，植物生长的完美终点，
也是食物千滋百味的开端。
它鲜艳的色泽，引人侧目，
饱满的果肉，带来能量。
而在迥异的气息、多变的滋味中，
我们发现了它调香的潜能。
物种流转，时光淬炼。
自然造化与人类智慧，
共同造就一个香味的迷宫。

壹 | 马来西亚榴梿　雍容曼妙，滋味万千

📍 马来西亚 婆罗洲

　　热带雨林，地球上生物多样性最丰富的地区。婆罗洲的密林深处，生活着比达友人。直到 20 世纪，他们才逐渐走出森林，开始农耕生活。

　　西摩的妻子珍妮看了他一眼，说："头巾戴得不整齐。"她帮西摩整理了一下。与其他人不同，比达友人西摩与家人如今依然生活在森林高地。自然并不总是一味慷慨，今年雨水太多，原本的收获没有如期而至。"掉下来吧，果实已成熟。掉下来吧，果实已成熟。"西摩站在树下，用大叶抚着树干，唱着古老的歌，这是比达友人的"传统仪式"。果实在 30 米高的树冠上，西摩从小练就的生存技能派上了用场。他攀着伸出来的树杈，顺势而上，身手矫健。

　　迟了近 3 个月，野生榴梿终于成熟。榴梿分布零散，很多树龄超过百年。成熟的果实会自然掉落。西摩主动采集，为的是抢在动物啃食之前得到它。树熟榴梿糖分积累后，开始散发浓郁的香气。这种甜度极高的水果，不仅能迅速地提供能量，也能带来可观的收入，值得西摩一家为它风餐露宿。

　　珍妮带领大家剥着榴梿，她想起旧时的故事，便说道："你们知道吗，以前的老人家在寻找榴梿时，会将榴梿核丢来丢去，娱乐大家。"榴梿那锐利坚硬的护具下，是凝脂般柔软的果肉，带着澎湃的芬芳，口感甜美细腻，有"水果之王"的美称。空气让硫醇类物质迅速氧化，升腾起类似臭鸡蛋的气味。"闻着像地狱，吃起来像天堂"，这是对榴梿最为精准的评价。

　　新鲜榴梿不易保存，加盐，调动乳酸菌对抗腐败，这是人类共通的经验。但比达友人还有更多的山林智慧：香甜的果肉对水中生物也有致命的吸引力。珍妮

用大荷叶将果肉包裹住，放入捕鱼篓。鱼篓进入水中不多时，就有"愿者上钩"，一家人登时收获满满。雨林就是一家人的菜场。没几天，榴梿酱也做好了。清爽微酸中，果香依然浓郁，不友好的气味明显减弱，姜黄叶、姜花、竹筒炊具簇拥着明媚的酸甜。这时候，榴梿已经从水果变成了调味利器。

马来西亚 砂拉越州 古晋

　　原住民的家常滋味，却是城市里的饮食时尚。榴梿质地如奶油般浓稠丝滑，无论荤素食材都因为榴梿酱的加入，滋味变得雍容曼妙。榴梿酱招摇的馥郁、植物叶片的清新，一如原始、丰饶的雨林。

　　世界各地几乎都有自己代表性的水果，酸甜苦辣，滋味多变。不论鲜食，还是干制、发酵，在它们与不同食材的互动中，香料族谱得以拓宽，风味的想象力也被彻底释放。

1	2
3	4

1 榴梿酱炒江鱼仔　　2 榴梿酱烤鸡肉串

3 榴梿酱猪肉汤　　4 黑橄榄配榴梿酱

贰 | 广西山黄皮　童年里有永不落幕的夏天

📍 **广西 崇左 龙州县**

多样的地理环境和充沛的降雨，让广西成为水果钟爱的家园。盛夏，一种不起眼的果子悄然成熟。这种果子就是山黄皮，当地人形象地叫它"鸡皮果"。

山黄皮果核大、果肉薄、糖分含量过低，它甚至没有资格挤进水果阵营。农伟鑫家却种下了十几亩山黄果。农伟鑫攀在树上摘果子，父亲农振勇站在树下喊："小心一点儿，你要抱着那棵树。"见儿子安全了，老父亲才说道："这样就行了。"由于做水果勉为其难，山黄皮转身在厨房里找到了自己的位置。虽然它甜度欠奉，但香气袭人。撒上盐，厨房里存上几罐，那股异香能陪伴到来年。

农振勇忙活了一身汗，他跟来收货的人说道："小孩每天跟着，能帮忙多背点儿果过来卖就好了。"农振勇把一大袋山黄果搬到了货车上，他笑着说："我们又不是要拿去市场上卖，用不着把果子摆得这么整齐。"采摘季的半个月里，每天都有人上门收货。将山黄果放入烤箱烘制，以温和的方式缓慢干制，最利于留存芳香。

它是柑橘的远亲，果皮油囊密布，柠檬清新中带着肉桂、丁香的温暖与微辛。

　　湿热的夏季，人们用腌渍的水果来驱散倦怠。山黄皮，则是本地解暑开胃的隐藏香料。实际上它热食也不逊色。再顽固的腥膻、油腻，遇到它执拗的香味，都不堪一击。姐姐农静静整个人恨不得钻进风扇里，可依然挡不住滴落的汗水。天气持续闷热，气温逼近 40℃。农伟鑫和父亲农振勇再次进了山林。农振勇说："上次我自己在这里都捡回了好多。"昨晚下了一场大雨。雨后的林间常有山螺出没。父子俩今天要捡的，正是山螺。"这里有一只哦，农伟鑫！"终于，父子二人有了发现。

　　腌渍的山黄皮，褪去青涩，微妙的咸酸中，香味更加醇厚。滚水汆烫后，山螺去除了大部分腥气。父亲不轻易下厨，但肥硕弹牙的螺肉，需要他的发挥。生姜、小米辣爆香螺片，只待酸爽的山黄皮。果皮香脂最浓，化浊增香。酸酸辣辣的山果皮炒山螺出锅，在食欲不振的夏天，让人胃口大开。

　　清凉的晚风，树下的欢聚，童年里有永不落幕的夏天。

1	2
3	4

1　山黄皮焖鱼　　　　2　山黄皮拌青杧果

3　柠檬鸭　　　　　　4　山黄皮焖猪蹄

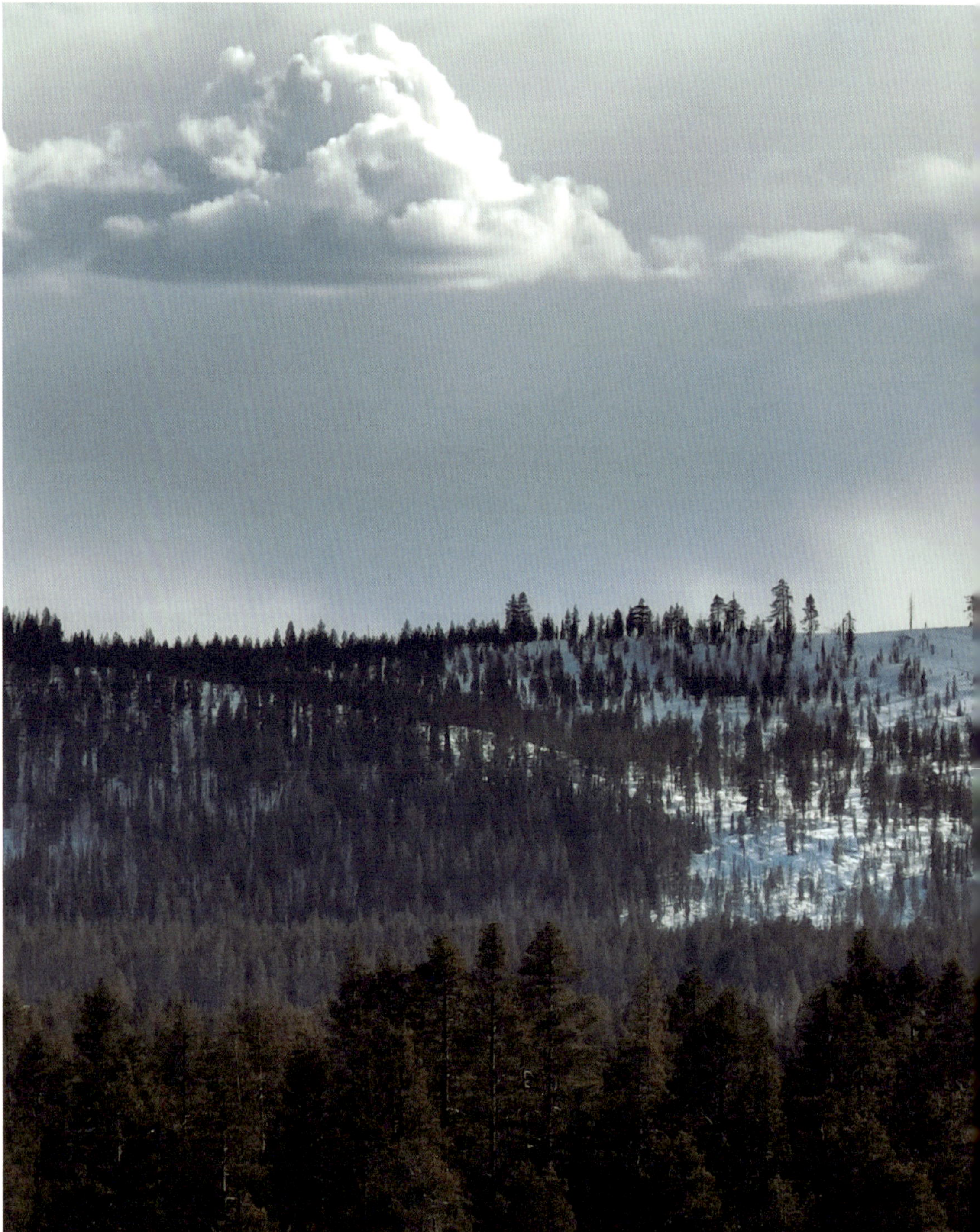

叁 | 挪威杜松子　无肉不欢的搭档

瑞典 拉普兰

离开暑热的岭南，来到北极圈。这里长达 8 个月的冬季还没有结束的迹象。

北欧拉普兰地区，驯鹿出没。驯鹿也为生活在当地的萨米人提供了食物来源。尼格拉斯一家整个冬季都在照料鹿群。酷寒劝退了绝大部分生物，但杜松依然在生长。绿色球果穿越冬夏，要挂在枝头一两年才能迎来成熟。

大雪覆盖的山林里尼格拉斯走在最前面，跟在其后的妻子对儿子说："你不要紧跟着，要踩我的脚印走。"一家人在雪地里忙碌起来，夫妻俩让孩子尝试采摘杜松子。"摘下来，放到这里。"儿子发出小小的一声尖叫，尼格拉斯忙问："是扎了一下吗？""揪下来了！很好。"他们鼓励儿子。一家人即将跟随驯鹿迁徙，因此要提前准备路途中的食物。

驯鹿是萨米人最主要的肉食来源。不管是粗盐腌制，还是绞成肉泥，唯一的调味担当就是杜松子。杜松子果实柔软，常被误认成浆果，是寒冷地带为数不多的香料。特有的木质香，让人恍如置身松林。松脂余韵中，跳动着柑橘的清爽与胡椒的辛辣。古罗马时期，它就被用来"驯服"野味。网油密布油脂，包裹精瘦的鹿肉，这是萨米人最珍视的传统食物。

寒冷地区，人们大多通过熏制的方法来保存肉类，这样有助于脱水，也增添风味。尼格拉斯点火熏制驯鹿肉，控制燃烧，产生更多烟雾，释放松柏的清香。

复活节过后，白昼变长，天气回暖。迁徙的日子渐渐临近。低温冷熏赋予了鹿肉别致的风味。柔软的网油包肉慢慢煎烤，杜松子的香气欢快释放。杜松子富含挥发性油脂，最适合在煎烤肉类时出场，为无肉不欢的萨米人带来悠远的自然清香。

$\dfrac{1}{2}$
3 1 驯鹿   2 杜松子   3 煎网油包鹿肉

鹿肉腌制好了。尼格拉斯问儿子："你要品尝吗?""好了吗?"小家伙不相信这么快就可以入口了。"我想已经好了。"尼格拉斯切了一条给儿子。味道真不错。

1	
2	3
4	5

1 煎驼鹿肉里脊　　2 烤驯鹿里脊　　3 鹿肉丸配烤土豆　　4 炖鹿肉　　5 炒鹿肉

伴随气温升高，冰冻的大地开始苏醒。一旦冰雪彻底融化，驯鹿群将无法穿越冰河。启程的日子到了。

尼格拉斯与十几户家庭共同迁徙。萨米人与驯鹿相互依存，他们被称为欧洲最后的游牧民族。

几千只驯鹿组成庞大的鹿群，听从基因的召唤，在这片广袤无垠的极寒之地，开启一场新的生命之旅。

肆|河南柿子醋
丹崖绝壁上的绝味

📍 河南 辉县 凤凰山村

秋天的华北，元叔和老伴郎秀英正忙着晾晒收获。

太行山，传说中愚公移山的地方，也是华北平原与黄土高原的分界线。

丹崖绝壁上，高大的乔木并不多见，但柿子已经红满枝头。

郎秀英把树枝往下一拉,招呼外孙女过来:"在这儿够一够。"小女孩频频跳起,却还是和树上的宝盖柿子差了一截儿。"啊!够不着……"一旁的姥爷元叔,早已爬到了高高的树上。"小心点儿啊!"看元叔爬得老高,郎秀英不由地嘱咐道。"好。""姥爷,小心点儿。"外孙女也喊道。"好。你几岁了?"树上的元叔冷不丁地问道。"十一岁。"外孙女回答。"你当姥爷,你不知道孩子多大了?"郎秀英一听就急了。"我自己的岁数我都记不住。"元叔申辩。"你要是摘不完,中午可没有你的饭。"郎大娘这分明是生气了。"那我就不吃。"元叔可是嘴硬"天花板"。"你咋摘柿子还没有我快呢?"郎秀英再次发出致命一问。"你快,你上来摘!"元叔和老伴儿采用的是典型的中国式夫妻对话。

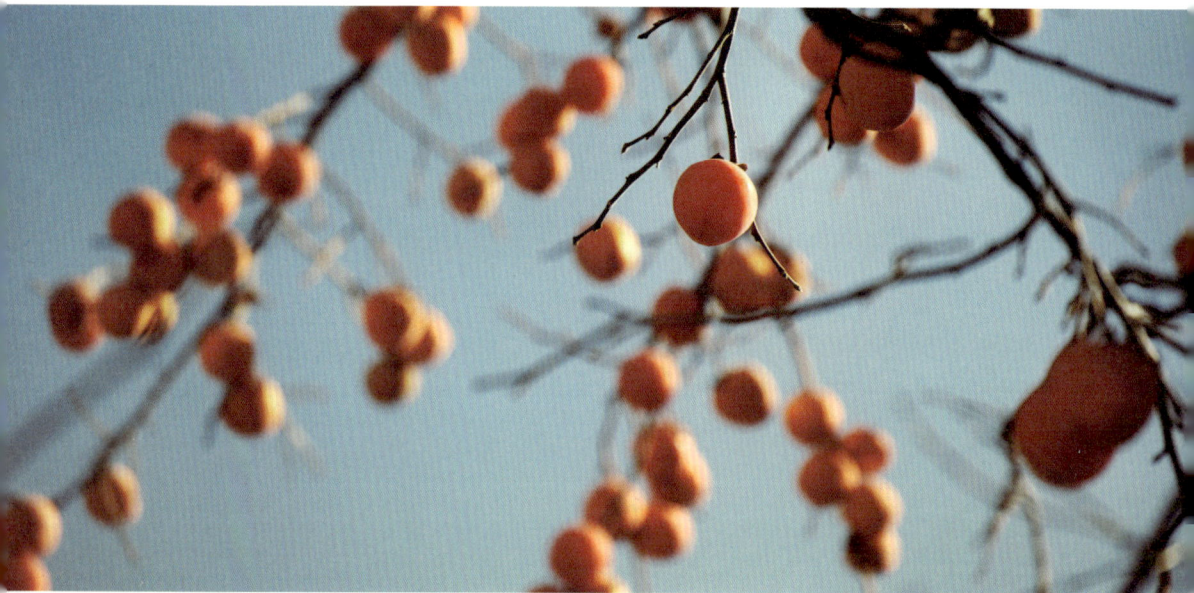

◎ 宝盖柿子

熟透的柿子,呈现半透明啫喱状,涩感消失。这是一种甜度极高的水果,含糖量最高可达 20%,与荔枝比肩。"你看他笨的吧!来,我来吧,你靠边吧。"给柿子去皮的活,又被郎秀英包圆了。"我已经把笨活干完了。这都是她的活儿,我哪敢抢她的。"元叔可以休息了。

柿子表皮自带天然酵母。随便一丢,果肉里的糖分转化就会启动。把处理好的柿子放进缸里,铺上白布,最后,压上一块圆形大石板。

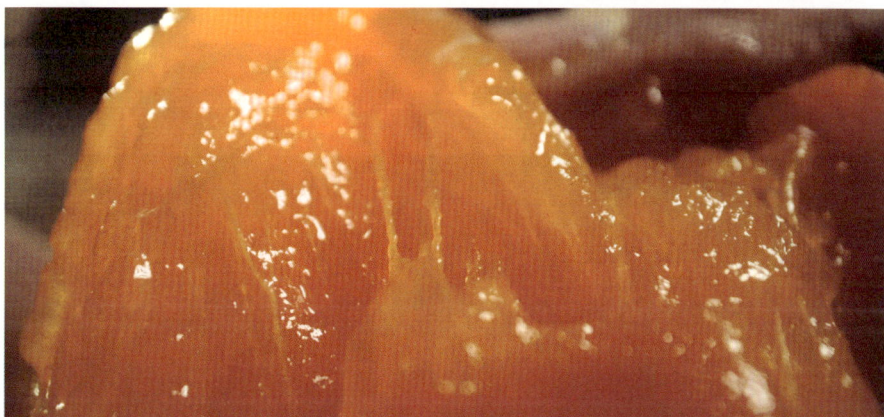

　　早在唐代，中国人就把柿子奉为"嘉实"。它讨喜的颜色和甜蜜的滋味，寄托了人们对富足如意的向往。南北方都有明星品种的柿子，但辉县的宝盖柿子，以另外的方式为人知晓。经过发酵，酸香绽放，最终形成柔和轻盈的柿子醋。将这种醋用于烹饪，几乎是当地厨师无师自通的技能。它不仅可以软化肉质，中和鱼鲜、肉类的腥气，同时能平衡五味，放大鲜美。

　　在小麦主产区，没有什么比面食更对胃口。家酿柿子醋，让大山阻隔的日子也滋味动人。

　　有的物种固守一方，还有一些借助自然或人力，迁徙到世界各地。番茄，就是最好的例子。它走出南美，从观赏性植物到进入厨房只有短短四百年，但如今它却风靡全球。番茄传到中国新疆不过百年，现在，这里已是世界番茄核心产区。从这点上，也能看到物种传播的力量。

1	2
3	4

1 酸辣广肚　　2 醋焖粉皮　　3 柿子醋焖鸡　　4 酸汤酥肉

伍 | 意大利番茄
意大利人爱比萨也爱番茄

📍 意大利 那不勒斯

不过，说到番茄的风味，另有一个让人不能忽略的地方。

那不勒斯，比足球更知名的是它的美食。这里是比萨的发源地，上千家比萨店吸引着来自全球的游客。在当地最受欢迎的，是一种使用了番茄的比萨。

在恩佐的餐厅，每天开业前的时间都是最忙的时候。比萨对出餐速度要求严格，所有食材要提前准备。有一项工作，只能恩佐来处理。一夜低温发酵，面团膨胀，内里布满细小的气孔，这些小孔是保证比萨口感的关键。而决定风味的，是新鲜制作的番茄酱。红色的番茄酱加上绿色的罗勒、白色的马苏里拉奶酪，如同意大利国旗的配色，制成的就是玛格丽特比萨。

火山岩烤炉，提前 1 个小时预热，温度控制在 480℃左右，烤制时间不超过90 秒。比萨酥脆焦香，又蓬松柔软。极致的食材，简单的搭配，意大利人固执地认为，这才是比萨应该有的样子。

对面楼上的邻居站在窗台上大声地喊恩佐。恩佐问他："你需要什么？""一份比萨。"一根绳子加一个大水桶，稍加改造后就变成了"莴苣姑娘的头发"。恩佐把比萨放在上面，绑好后，他喊道："上去吧！"那不勒斯人对比萨的热爱，让小店每天爆满。历经四代人，这家店已经有 100 多年的历史。

那不勒斯，意大利美食之都，阳光和快乐之城，也是欧洲最早食用番茄的地区之一。超强的适应能力和丰富的遗传多样性，让番茄形成众多的种群和多元的口味，其中，意大利就有超过 300 个品种。

作为意餐的基础调味品，番茄不仅赋予食物明亮的酸甜味，还能提色增鲜。无论做酱汁还是汤料，搭配面食还是海鲜，番茄都游刃有余。

1 ｜ 2
3 ｜ 4
5 ｜ 6

1 番茄慕斯塔塔　　2 番茄意大利面　　3 意大利番茄肉酱

4 番茄干海鱼　　5 番茄酱肉丸　　6 番茄配鳌虾

📍 贵州 黔东南

和意大利相比，中国西南地区对番茄风味有不同的追求。酸汤鱼，黔东南的美食名片。鱼肉的鲜美与酸辣味道完美结合，也让酸汤鱼成为吴双琴店里最受欢迎的菜品。

毛辣果，一种酸度极高的小番茄，仍然保留着野生习性。每年收获季，吴双琴都会用它集中制作红酸。将毛辣果和线辣椒一起剁碎，果酸混合辣味，甜酒变身酵母，木姜子提香，装坛密封。贵州气候湿润，适宜微生物生长。毛辣果发酵后会产生大量有机酸，构成红酸独特的底味。三周后，在游离氨基酸的作用下，红酸增添了锋利的酸、轻灵的鲜，还穿插着委婉的回甜。高温下，氨基酸与碳水化合物互相作用，形成更浓郁的香气。毛辣果，让贵州人有了自己的百搭调味品。

1	2
3	4
5	6

1 酸汤鱼　　2 毛辣果　　3 酸汤牛肉　　4 酸汤猪蹄　　5 毛辣果米皮　　6 酸汤米粉

⚲ 意大利　那不勒斯

回到意大利。意大利人更喜欢肉质肥厚的番茄。在维苏威火山边缘，土壤富含钾和磷，赋予番茄高甜低酸、芬芳浓郁的风味。

"我不吃没有番茄的比萨。我想用一些我喜欢的番茄品种，来制作不同的比萨。我总是尽量使用本地食材、零公里食材。"恩佐阐释他对番茄赋予比萨的重要之处。那不勒斯番茄果肉饱满，是制作酱汁的最佳原料。恩佐从中汲取灵感，尝试用不同个性的番茄，搭配组合，简单的比萨拥有了百变的模样。

尽管不能确认它是水果还是蔬菜，是食材还是调料，但番茄每到一处，都是当地风味的亮色，而且还会不断给我们带来惊喜。

陆 | 法国葡萄　打开发酵世界的钥匙

📍 法国 卢瓦尔河谷

九月，法国卢瓦尔河谷迎来了盛大的采摘节。这里出产的葡萄香气丰富，非常适合酿造白葡萄酒。

在法国，葡萄酒不仅是饮品，更是一种语言。只有了解它，才能真正读懂法餐。无论炖煮、腌制还是调汁，都离不开葡萄酒在各种风味间牵引引线。白葡萄酒，果香分明，酸度轻盈，搭配鱼鲜，让食材更加甜美，带来清新愉悦的风味。

布鲁诺是一家餐厅的主厨。每逢葡萄收获的季节，他总是穿梭在不同的种植园。卢瓦尔河谷光照充足、气候凉爽，遍布适宜葡萄生长的石灰岩土壤。著名的葡萄品种白诗南，就产自这里。

晚收的葡萄聚集了更多的糖分。布鲁诺想找一款甜度更高且价格友好的白葡萄酒，用来设计餐厅今年秋季的菜单。

布鲁诺说："这是我们这里出产的另一种很好的甜酒。"新酿的葡萄酒蕴含着杏桃、蜜瓜、柑橘的香气，陈放后还能形成蜂蜜的甜香。"这就是我们做肉酱需要的甜度。"这款甜酒的甜度正合他意。

葡萄干的糖分浓缩，酒为它注入了灵魂。经过一夜泡发，不仅浓度更高，香味还能平衡油脂。"要一直这样搅拌，不要加太多葡萄干，要提前倾听葡萄的声音。"在葡萄面前，布鲁诺是温柔的。

　　烘烤过程中，酒精带走不友好的气味，生成酯类化合物，散发出诱人的香气。冷却后就是肉酱派。它细腻醇香，是开胃菜的首选。肉酱派很快成了新菜单的招牌，一切都那么顺理成章，正像卢瓦尔河谷每年秋天飘散的果香。

1	2
3	4
5	6

1 红酒烩牛肚　　2 红酒酱汁配牛排　　3 白葡萄酒炖鸡

4 白葡萄酒煮贻贝　　5 香槟汁配虾　　6 冷盘 肉酱派

柒｜广东新会陈皮　可茶可烹

广东 江门 新会区

　　同样是从时间中获取果香，中国人则另辟蹊径。十一月，天气渐凉，在广东新会，家家户户又开始了翻晒。这种陈放的柑橘果皮，也叫陈皮。它来自当地特有的一种水果——茶枝柑。

　　钟百枝被乡亲们称为"坦克"。三年前，坦克家种了 50 亩茶枝柑，现在刚刚迎来收获。"靓女！你回来了？"看见妻子林丽英回来了，坦克连忙招呼她"靓女"。"这位就是我远近闻名的太太。"对着镜头，坦克也丝毫不掩饰对妻子的喜爱。"吃！"林丽英想用柑子塞住他的嘴。结果，坦克却说："看，太太又给我奖励了。""靓靓你跟着我，慢慢地陪着你走，慢慢地知道结果。"坦克唱起了梁雁翎的经典老歌《慢慢地陪着你走》，就是调儿不大一样。"跑调了！"林丽英说道。

　　根据成熟度，茶枝柑被分为三种，黄绿相间的叫"二红柑"，它糖分低，便于保存。"哈哈哈——大眼瞳仔！"女儿钟菲菲把两个茶枝柑比在了爸爸的眼睛上，坦克立刻变成了她的"大眼瞳仔"。她又把它们分别比在自己的眼睛和脸上，说道："你看，这就是我的眼睛、我的腮红。"

　　柑橘类水果，本身表皮就布满油囊。而茶枝柑的油囊则更为密集，蕴含更多的芳香精油。因此，在这里，果皮尤为珍贵。

◎ 茶枝柑

林丽英用特制的工具拨开茶枝柑。顿时，整个果实便剥离下来，而果皮则是一个完整的三瓣状。"超级甜，骗你是小狗。"林丽英说着，给小女儿的嘴里塞了柑子。"香！妈妈，这个好香。""好漂亮的！你看到没有？"划三道，但不断开，如此一剥，果皮就是三瓣状的花朵。钟菲菲举起妈妈刚刚剥好的柑子皮，放在阳光下欣赏起来："妈妈你看，这果皮金灿灿的，很像太阳花。"亲子时光是如此愉快。钟菲菲问："为什么小明平时嘴闭不住，现在他却一声都不吭？""因为他感冒。"坦克回答。"小白、小黑、

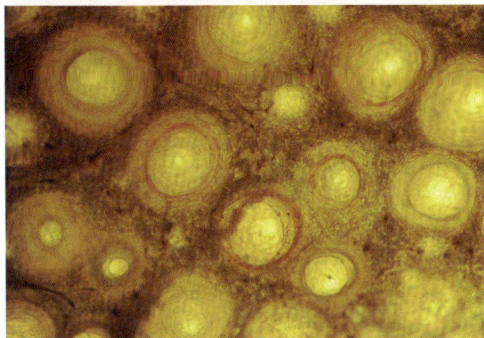

干制过程中的柑皮油囊（显微摄影）◎

小黄，谁会吐？"菲菲又问。这道题还是难不倒坦克："小白兔（吐）。"菲菲不服气，增加了难度："老板打了很多小动物，为什么不打羊？"可是这也难不住坦克："因为老板要做生意，不能打烊（羊）。"

新鲜柑皮含有类柠檬苦素，味道辛辣、苦涩。经过长时间的风吹日晒，苦味降低。木质的馨香中，花香、果香和柠檬香若隐若现。陈皮的价值在于"陈"。新会做陈皮这一传统，延续了 700 多年。"颜色不同，年份就不同。"坦克给菲菲讲起了如何品鉴陈皮。"闻一下，哪个香一点儿。""这个香。"

精心保存 3 年，才真正称得上"陈皮"。继续存储，香气还会随时间千变万化。清水泡开，刮瓤，最大限度去除涩味。在广东人眼里，鹅肉腥膻略重，还容易"上火"。但只消两瓣陈皮，就可以扭转"热气"，驱逐异味，留下鹅肉的鲜香。

新会，不仅陈皮产量在全国最高，也是价格和标准的制定者。在这里，不同年份的陈皮，都可以找到用武之地。岭南饮食里，它的身影和气息时隐时现。

　　上等陈皮的惊艳之处，不仅在于入口时醒神的清香，更在于回味的甘。它介于沉郁与跳脱、辛涩与甜香之间，这是一种只有中国人才能敏锐体察的复杂味觉。冬至，妻子制作客家人的传统美食——冬丸。陈皮，总会在最隆重的节日里，把岁月长久赋予人间的滋味与情感，静静地释放在新会人的餐桌之上。

1 | 2
3 | 4

1 陈皮焖鹅　　2 蟹粉小青龙

3 羊肘生蚝煲　　4 陈皮鲮鱼冬丸

婆罗洲，西摩种下新的榴梿树苗；广西，农伟鑫的夏天还在继续；拉普兰，尼格拉斯正忙着给驯鹿割耳，做上标记。

告别采集、狩猎的时代，水果已不是人类生存的必需品。但它依然不可或缺，也拓展了风味的类型和边界。

今天，这个星球上，还有70000多种可食用的果实。果味迷宫里，好奇心还将带我们远行。

n6

葱蒜
之交

众香国里，这是一个奇特的品类。

时而热烈，时而温情，让人群分成爱恨两极。

它以蛮横的方式硬控口腔，

常年占据社交黑名单。

然而，人类又被这种风味所吸引，

甘愿臣服在硫化物之下，

在突破禁忌的愉悦中欲罢不能。

正与反结伴而行，

这就是"葱蒜之交"。

壹 | 贵州薤白　遥远的记忆

⚲ 贵州 黔西南 施秉县

一场倒春寒让三月的贵州被阴雨笼罩，但生命依然被唤醒。

　　杨生兰今天上山，寻找一种野味。识别春天，她有自己的方式。"到这里来。"杨生兰喊着众人。这种野草大多生长在田畴和山林的交界处，普通人难以辨识。杨生兰说："你今天真是有口福啊！山下面都没有了，这里还有很多。"

　　杨生兰说的口福，是一种像葱又像韭菜的植物，它底下结着一个圆溜溜的球茎。当地人称之为"苦蒜"，也有人叫它"马葱"。它还有一个文雅的名字——"薤白"。薤白一旦开花便不再能食用，在贵州，这是清新、原始的春天之味。它是中国最古老的香料，同时也算一名"六边形战士"，它的气味让人联想到今天熟悉的韭菜、小葱和大蒜。

薤白身份多变，无论做主料还是醒目的配菜，或者调味蘸水，它都能演绎自如。薤白最早在北方被驯化，种植地域极广，如今它更多出现在南方的几个省份，竟然成了季节性的食材。

贵州 黔西南 注溪村

杨生兰一边整理着薤白，一边和小孙女唱着童谣："小白兔，白又白，两只耳朵竖起来。"已经成为少先队员的小孙子问："奶奶，你怎么剪的？"说着，也拿着剪刀比画起来。"我剪那个头，你看，这样剪。"杨生兰演示着。"这个不好剪。"采集的薤白，杨生兰要用它制作一种主食，两天后拿到节日集市上售卖。薤白最早也是一种药材，直接食用能感到清冽的苦。加入腊肉和熏肥肠，混合糯米饭一起焖蒸，不仅去除了苦味，也让平淡的主食香气四溢。这种奇特的食物组合，当地人叫"社饭"。

"大家过来一下，咱们一起把东西备好。"杨生兰和乡亲穿着传统的节日服装，在红红火火地忙碌着。春分前后，土地开耕，侗族人家总要在一起欢聚祈福。这就是社节，在当地比春节更有分量。而社饭就是节日里最重要的食物，看似简单，却是稻作文化的缩影。如今，各地侗族的社节习俗略有差异，但不变的是社饭。薤白，这种在《诗经》里已经出现的古老香料，虽然现在很少被人食用，但依然在社饭里提示着那段遥远的记忆。

和薤白一样，在香料世界里，韭菜、韭黄、洋葱等组成的也是一个气味张扬的大类。它们的气息来自含硫化合物，一种挥发性极强的刺激味道。这让一部分人敬而远之，也让更多人心驰神往。更典型的是我们熟知的葱和大蒜。为了征服这种桀骜不驯又难以割舍的风味，不同民族都尝试了无数方法。

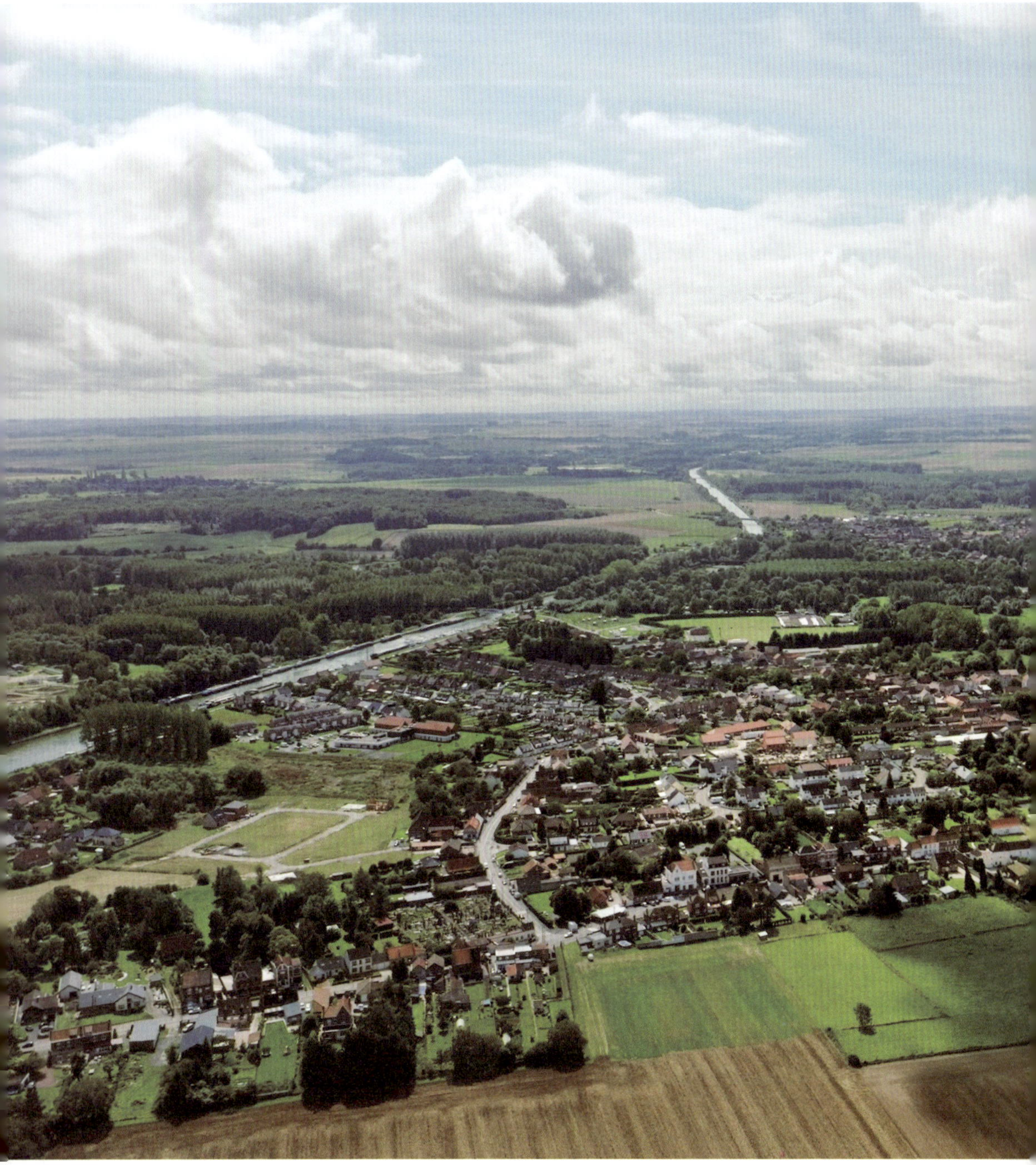

贰｜法国熏蒜

阿尔勒的骄傲

📍 法国 北部省 阿尔勒

　　九月的阿尔勒，这个法国小镇突然涌入 50000 多游客。他们来参加一场关于大蒜的节日活动，只需买一个杯子，就能无限畅饮浓汤。汤的主料只有一种——大蒜。

　　早在古罗马时期，大蒜就传入欧洲，今天，它已经成为阿尔勒的骄傲。

伯特兰家今年收了 5000 千克大蒜。伯特兰·梅林是这家作坊的第四代传人。和中国大部分地区不同,这里种植的是软颈蒜,不像我们常吃的硬颈蒜。硬颈蒜能长出蒜薹,而它不能。除了晾晒脱水,阿尔勒大蒜还要经历另一番历练。

阿尔勒属于海洋性气候,全年湿润多雨。为保存大蒜,当地人用橡木和山毛榉的锯末来熏烤。控温 40℃左右,烤制 10 天,直到大蒜外皮的水分被彻底排出。烟熏为大蒜披上一层焦糖色的外衣,熏制后可以保存 10 个月之久。

意外的是,烟雾分子早已透过蒜衣,潜移默化地影响了大蒜的风味。

1 阿尔勒大蒜节　　2—4 阿尔勒熏蒜

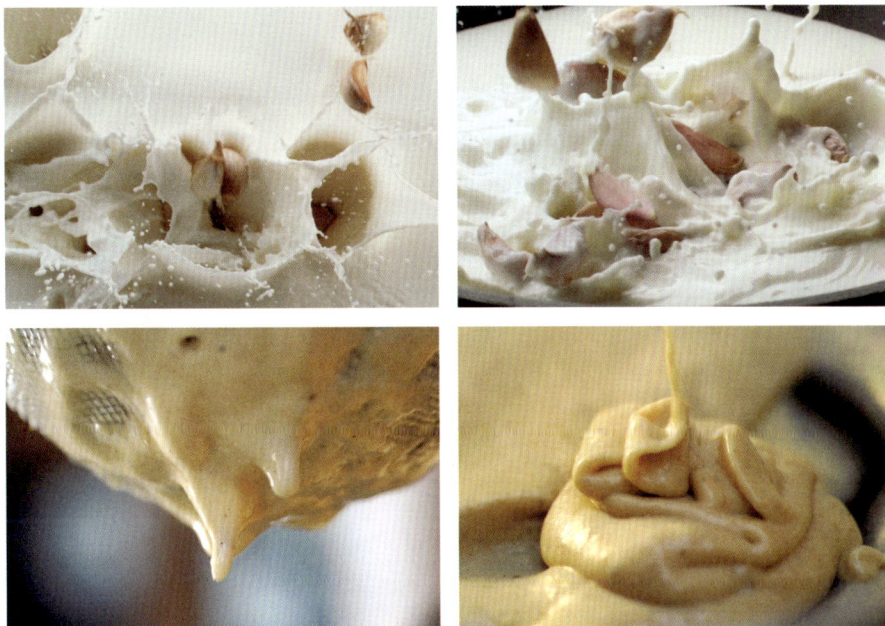

◎ 熏蒜奶油酱

　　大蒜有非常强烈的辛辣味道，人们直接食用会产生不友好的气味。在欧洲，常见的做法是加入牛奶熬煮，因为酪蛋白和高温有助于消解蒜臭。大蒜细胞破裂，风味物质释放并转化。这样做出的就是层次丰富的法式蒜酱。

　　另一道食物也离不开大蒜。将大蒜剁碎，揉进面团，做成蒜香面包。这是伯特兰为节日准备的礼物。印象里"高大上"的法餐，事实上一点儿都不排斥大蒜，甚至许多菜肴都离不开它。

　　烘烤让蒜瓣发生焦糖化反应，原本刺鼻的气味消失不见，变得口感软糯、细腻甜美。无论研磨成酱、切碎熬煮还是隐身于高汤之中，只取其优雅浓郁的风味精华。法国人沉迷于这种委婉的蒜香诱惑。

　　阿尔勒的节日上，熏蒜出炉。伯特兰跟老顾客聊起来："你们今年也买了不少啊！"老顾客说："的确，不过比起去年还是少了一些。""已经很好了，是个很好的开始，不错的。"伯特兰说。

蒜香面包，质朴中藏着一颗颗风味小炸弹。用它搭配奶油蒜酱、大蒜汤，凑齐标准三件套。大蒜气息或许是社交中的障碍，但法国人却把"集体吃蒜"过成了推广农产品的节日。在这里，大蒜被调教得彬彬有礼。而在中国北方，我们还能看到更凌厉、豪放的食用方式。

1	2	3
4	5	6
7	8	9

1 熏蒜　　2 土豆与烟熏紫蒜泥　　3 熏蒜奶油烩鸽肉意面　　4 龙虾意面
5 普罗旺斯炖菜　　6—7 熏蒜面包　　8 熏蒜浓汤　　9 熏蒜猪排

204

叁|陕西辣子蒜　刻在骨子里的爱

📍 **陕西 西安**

　　鼓楼下，年轻的主播正在唱着歌，虽然天气寒冷，但是路过的民众依然热情地跟唱。西安，有快速的迭代，也有刻在骨子里的顽固。当地人在吃蒜这件事上，绝不打半点儿折扣。

　　千人千蒜香。街头采访中，不同的人表达了不同的观点。戴眼镜的年轻人说："咬一口蒜，吃一口肉，才香！"一旁的大叔说："我喝汤的时候也要就着大蒜。"美女也捂着嘴说："有蒜，就有了灵魂！"

当然也有不同的意见："蒜？还是算了吧……"一位游客说道。

一个学生打扮的小青年说："蒜的味道比较大……我就是单纯地不爱吃蒜。"听着有人"嫌弃"大蒜，白发老爷爷不乐意了："没有蒜，它吃着就不香！"

刚刚吃了一大碗美食的美女说："吃饭没有蒜，香味儿少一半！"

小年轻说："这拿油一泼，香得很！"

"就爱吃这一口。"穿夹克的大爷说。

大蒜的暴脾气需要外力激发。当细胞结构受到破坏，就会转化出气味强烈的硫化物——大蒜素。大蒜素本身很不稳定，但被西安人无死角拿捏。70 岁的芦凤兰一个人住在餐厅的二楼。每天早上她都要给大厨准备食材，顺便还要叫他起床。这里的大厨常军，芦奶奶的儿子，喜欢玩，也爱交朋友。父亲去世后，常军成为小店的大厨。

客人已经落座，餐前准备工作同样需要耐心、细致。店里主营葫芦头，是猪肠最肥厚的部位。12 岁就跟父亲学厨，这让常军练就了一双铁手。用滚烫的骨汤，给大肠和馍块反复入味、去腥，碗身烫到常人拿不住才算到位，行话叫"泖饭"。

无论什么样的食物，西安人总喜欢用一头生蒜来搭配。不吃蒜，反倒可能影响"社交"。但后厨还有另外的方法，让生蒜充满"成熟的魅力"。鲜蒜捣碎，大蒜素的刺激味道喷薄而出，若使大蒜的风味与羊血、辣子相融，还需一勺热油。这是大蒜的暴力美学：与辣椒在高温中联袂发生美拉德反应，一个雄浑，一个高亢，仿佛气吞山河的秦腔。

1 | 2　　1 葫芦头泡馍　　2 辣子蒜羊血

肆｜潮汕冬菜　征服最挑剔的味蕾

📍 广东 潮州

走在巷子里，张宏波有节奏地喊着："冬菜贡菜菜脯丁，冬菜贡菜菜脯丁。"

食用大蒜，中国人并不都是一味喜欢生猛。潮州乡间，张伯走街串巷，售卖自制的咸菜。琥珀色的细碎颗粒，叫冬菜。在潮汕地区，它低调地潜伏在各色菜肴中。无论是鱼、肉的腥膻还是瓜蔬的青涩，一经它调和，均可消解。而其中最关键的风味就来自大蒜。

1	2
3	4

1 冬菜　　2 黄鱼冻　　3 咕咕煲冬菜龙戛　　4 猪手冬菜卷章

📍 广东 潮州 东光村

◎ 津白

　　上图这种白菜品种叫津白，在华北平原广泛种植，广东很少见。它菜梗薄，水分少，脆嫩没有筋络，并且极耐贮存，最适合制作冬菜。每年冬春，张伯都要分批处理 2000 斤左右。

　　潮州空气湿度大，白菜需要尽快脱水。不同于传统的晾晒，张伯采用盐渍的方式。准备工作完成，风味的塑造即将开始。加入重量几乎和菜干相当的大蒜，这是张伯骄傲的配方。"料足"是他最喜欢听到的评价，他深知蒜香是潮汕冬菜的灵魂。张伯说："100 斤白菜要配六七十斤大蒜。以前在小队的时候我一直在做冬菜，到现在近 100 岁（张伯实际年龄 79 岁），自己已经卖了几十年。"

📍 天津 静海区 纪家庄村

今天，冬菜是岭南饮食的黄金配角，但这种加工方法却来自 2000 多千米外的天津。做成冬菜最早是北方人储菜的方式。200 多年前，往来天津的潮汕商人把它带回了广东。

发酵 6 个月，大蒜的风味早已融入白菜之中，以含蓄的方式走上潮汕人家的餐桌。儿子问："有吃到冬菜味道吗？"张伯不服气："你说这话！一点儿就有味道。大家都说我晒的冬菜稍微下一点儿味道就很重，其他地方买的很多都没味道。"

在潮汕地区，冬菜还有最经典的搭配。风靡全中国的海鲜砂锅粥，丰俭由人，但不管多么昂贵的食材，都离不开冬菜的最终调味。有经验的厨师，会趁熄火前撒入冬菜，再快速捞起，只得其味不见其形，赋予素淡白粥妖娆缥缈的滋味。很难有哪种香料像大蒜这样，让爱恨如此对立。不过，一旦突破二元边界，便能找到通往美味的渡桥。无论是温驯还是泼辣或者妖娆，大蒜都能征服最挑剔的味蕾。

1 冬菜　　2—4 潮汕海鲜砂锅粥

伍 | 山东大葱　整个北方的抢手货

📍 山东 济南 章丘区

如果要问还有谁在气味上能和大蒜一较高下，齐鲁姜葱绝不会有半点儿犹豫。

秋分一过，北方大部分农作物已经颗粒归仓。张念良上个冬天种下的大葱，已经快一人高了，但还没到收获的时候。这是第五次培土，也是最后一次。张念良不断把土覆盖在根部，阻挡阳光，这样就能获得更长的葱白。

早在春秋时期，齐国所在的山东地区就推广栽培大葱。如今大葱不仅是中国最常见的调味品，还一路东传。在日本，它受欢迎的程度不亚于在中国，甚至被当作"第一佐餐之物"。

1 新葱拉面　　2 鸡肉大葱串　　3 葱荞麦面

想象一下，在这个饮食口味讲究克制、平衡的国家，当辛辣的大葱与清淡的荞麦面碰面，将上演什么戏码。

店主端上了刚刚料理好的葱荞麦面："打扰一下，请用葱当作筷子，捞面条吃。"这一下就惊住了食客，当然老饕则早已习惯这样的吃法。店主继续推荐最佳吃法："品尝面条的时候，也可以咬着葱吃，请把它当成作料一起品尝。"大葱余味持久，不过突破禁忌，也是种乐趣。

山东的大葱没那么辛辣，甚至被山东人当成脆甜的蔬菜。不过，想获得最美妙的风味，要等到霜降之后。精心侍弄 400 多天，风味积累充分，低温促进淀粉物质转化成糖，多次培土让大葱有了玉树临风的气势。"我觉得有两斤，这一棵。"老张的老伴儿一开口，就是典型的"山东倒装句"，"今年我的葱比去年的好，又高又粗。"

　　老张的田里，每根大葱都出落得高、大、脆、白、甜。不仅品相好、味道出众，而且因为耐储存，山东大葱成为整个北方的抢手货。中式烹饪离不开大葱的锦上添花，它协同姜和料酒，成为中餐味道的基石。大葱最可人的地方在于生熟通吃。俏生生的葱丝，是烤鸭卷饼的味道中枢。料理重口味食材，离不开它去腥解腻。小清新菜品，也能靠它"提振士气"。它既可调味，也是食材本身。以它冠名的众多菜品里，有道"看家菜"不断吸引厨师们推陈出新——变换火力，分批萃取葱油，循循善诱下浓香四溢，无味的海参得以风味圆满，最后撒上葱白脆片，软糯香滑中混杂酥脆焦香——这就是葱烧海参。

1|2
3|4　　1—3 大葱　　4 烤鸭卷饼

五亩大葱采收完毕。今年，章丘又出了新葱王，"身高"再次刷新了世界纪录。一米四高的大葱，比低年级小学生的身高还要高出很多。家人拿出一棵大葱，跟孩子比起高来。有人说，北方人的心情，三分天注定，七分靠饺子。猪肉大葱馅饺子，堪称水饺科目的"课代表"，在各种饺子口味里出勤率最高。人们通常从吃米还是吃面来辨别中国的南方人和北方人，其实还可以从是否喜欢吃葱来区分。

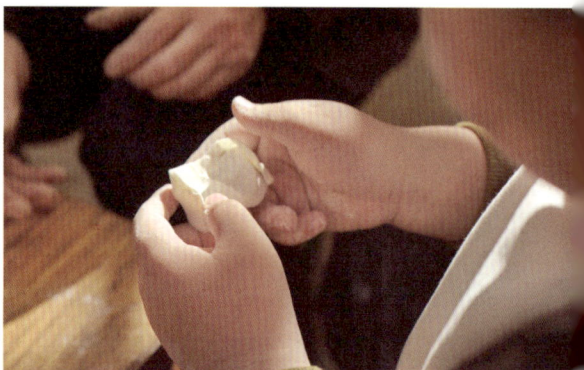

1	2
3	4
5	6

1 清炸大肠　　2 葱白拌胶东鲜　　3 葱爆牛肉

4 宫保虾球　　5 葱烧海参　　6 猪肉大葱饺子

陆 | 上海小葱
南北方萃取香味的共识

📍 **上海**

上海，从来不缺新鲜潮流。而说起
这里的味道代表，本地人更有心得体会。
在新华里，有百年历史的石库门里弄。
弄堂口，门板一卸，过道秒变厨房。在
20世纪七八十年代，像这样的弄堂厨
房很常见。

葱油拌面，三五分钟就能做好，是上海所有面馆的基础配置。主导风味的，
是一种体形很小的葱。它看着不起眼，却有着惊人的需求量。

📍 云南 红河 金马镇

　　小香葱，常被误认为是幼年的大葱。实际上，它是大葱的南方表亲。西南多个小香葱种植基地供应江浙沪的需求，仅云南泸西每天就要向上海供应 15 吨小香葱，且全年无歇。对葱的品种，虽然南北方各有所爱，但在萃取香味上却达成了共识。

在上海，何国均师傅每周熬一次葱油。带着根须的葱白率先下锅，这里蕴藏着最浓的香辛风味，也更耐火力。随后是葱绿，清新细腻，文火慢熬。当小葱炸至金黄微褐时，会产生一种焦香，无限接近肉类烘烤的味道，又比单纯的脂香更加复杂。喝咖啡的上海，汇聚了全世界的风味，但只要添上一把香葱，顷刻间就有了一种神气活现的本地腔调。滚油炝淋，给白切鸡添上神来之笔；生葱与熟葱混合双响，在清新与醇厚间横跳；平常的葱，平常的油，刁钻或精乖全在火候的深浅。在本帮菜里余音绕梁的，唯有葱香。

中年男子吃着何师傅的香葱拌面，回味道："小时候的味儿，一直存在的。周边的居民吃早饭，都是在这家店。"何师傅说："我 1975 年来上海的，当时我是七五年的应届毕业生。我的青春都给这家店了，这里工作的阿姨、叔叔等一些老雇员都是我们一个行业里的。大家退休了，再回来发挥一点儿余热。我们这家弄堂厨房是上海最后一家了，恐怕以后再也没有了——在上海滩是找不到了。"最后的弄堂厨房，在城市改造中落幕。不论如何叶故纳新，"魔都"上空依然飘散着人间烟火之味。

1	2
3	4

1 葱油白切鸡　　2 三林塘葱油肉皮　　3 葱爆鲫鱼　　4 排葱扇面黄鱼尾

柒 | 新疆芥末　香味的释放

新疆 昌吉 奇台县

$\frac{1}{2}$　　1 芥菜　　　2 黄芥末

　　与其说人们喜爱葱蒜，不如说是其中的含硫化合物俘获了我们的味蕾。十字花科植物，也是这种刺激风味的大户。其中，黄芥末原产中国，是凉拌食物里的常客。七月末，天山北麓的油菜籽成熟了。在印象里，它常用来榨油。但这里的油菜籽有点儿特殊——它的籽粒金黄，是芥菜型油菜，出油并不是它的长项。

　　朱艳和丈夫柴占年种了 40 亩芥菜。"春用葱，秋用芥"，芥菜籽和葱一样，可能 2000 多年前就出现在中国人的餐桌上了。

朱艳和他们打招呼："啥时候回来的？哦，我把那块地揪完，剩下的下午再揪。"赶着秋收的好天气，晾上两三天，脱粒不是什么难事儿。籽粒型芥菜品种多样，在全球不同气候区都能生长。光是以颜色区分就有黑、白、黄、棕多种。朱艳种的这种为金黄颗粒的。它种皮儿薄，风味细腻柔和，干燥后可以长时间存放。将之研磨成粉，才是我们熟悉的芥末。

几乎在中国所有的菜系中，黄芥末都能找到用武之地。但它的出产地却大多集中在中国西北地区。

黄面，在新疆是个特别的存在。它不光形状和颜色与新疆拉条子或者西北拉面不同，调味更是存在较大的差异。芥末中所含的刺激性物质只有遇到水才会充分释放。以热水冲烫，芥子油的苷活性被激发，静置时便生成了具有辛辣气味的异硫氰酸盐。异硫氰酸盐强烈作用于鼻腔，喜欢它的这股辛辣的人会直接食用芥末膏，即便是追求口味清淡的人也会用汤汁稀释后食用。

这口泼辣跳脱不仅赢得了中国人的青睐，在印度更受欢迎，那里是芥菜籽产量最高的国家。

◎ 奇台黄面

捌 | 印度阿魏　　激发印度人的调味天赋

📍 印度

　　印度饮食以使用五花八门的香料而闻名。大部分香料在其他国家也被使用，但有一种香料，几乎只在这个国家才被使用。阿魏，一种草本植物根茎渗出的乳胶，带着腐坏大蒜般的气味。

也许是喜欢素食的传统，激发了印度人使用香料的天赋。一经烹饪，阿魏便散发出熟洋葱的美妙香气和太妃糖的焦甜味。不使用葱蒜，却得到"荤香"，这让它在一些特殊场合被认为是"神奇的食物"。

印度次大陆的调味灵感可不止于此。

$\frac{1}{2}$　　　1 阿魏　　2 豆汤饭

玖 | 巴基斯坦黑盐

⚲ 巴基斯坦 旁遮普省 拉合尔市

拉合尔，莫卧儿帝国的都城。每当夜幕降临，拥有 2000 多年历史的古城就活跃起来。

在街头，一小撮"神秘粉末"就像厨师间的暗号，给食物施加魔法。暗夜之魂，来自这个黑色固体。

喜马拉雅山脉封存着古海洋中的盐，丰富的铁含量让这种盐呈现独特的粉色。粉盐富含多种矿物质，但巴基斯坦人认为它的风味还有进步的空间。

类似水泥搅拌车一样的铁罐，加热到 800℃以上，如同火山口一般炙热。"盐浆"中化学成分重组，多种硫化物带来轻微的酸味和类似皮蛋的气息。这就是风味独具的黑盐。

喜马拉雅粉盐 ◎

哈曼德·阿沙德再有几个月就满 18 岁了，他正准备接手一项重要的工作。二哥泽山·阿沙德在唱着歌："阿里，请帮助我。阿里……"歌声忽然断了，他说："好了，就这样吧。"大家都笑了，分明是二哥忘了歌词。哈曼德生活在一个大家庭，家人们共同经营一种小吃。这阵子，二哥要对他进行"上岗培训"。

家庭流水线上，每天要擀出 1000 多个"饺子皮"。过油一炸，就膨胀成脆壳；鹰嘴豆混合土豆泥，做成馅料备用；然后就到了技术难点——调味。当地饮食受印度、阿拉伯地区的影响，风味混杂得如同综合香料粉。恰特玛莎拉在印巴两地非常受欢迎，辛辣清爽之外，带有黑盐带给它的标志性气味。早在公元前，黑盐就被广泛应用，古印度人认为它是一种"神药"。今天，人们依旧迷恋它莫可名状的硫化物气息，认为它深邃又上头。

哈曼德的上岗培训还剩下最后一步。二哥给他准备了一份新奇的礼物——火焰理发 *。这种理发方式诞生于街头，是极具观赏性的"巴基斯坦洗剪吹"。哈曼德这天是第一次体验。12 年前，父亲带着一家人来到这里做小吃生意，这也是几个孩子长大后的第一份工作。小吃摊位于人流量最大的德里门。薄脆外皮包裹绵软扎实的馅料，这就是小脆球。杏子酱、酸奶浓郁甜蜜，一碗灵魂料汁是标配。小脆球价格亲民，是轻巧的社交食物。它是容器，也是餐具，更是食物本身。一口下去，口舌欢畅之后，料汁的余香久久不愿离去。过了今晚，哈曼德将接替哥哥站在这个人潮涌动的巴扎街头。

德里门，历史与市井，一眼千年。

---

* 风险提示：纪录片如实记录当地传统风俗，危险行为，请勿模仿。

黔东南，社节落幕，休整一下后，杨生兰准备春耕。

法国阿尔勒，编蒜比赛中，

伯特兰的父亲再次赢得荣誉。

山东章丘，张念良带着小外孙播撒葱种，

期待来年再创新"高"。

一葱一蒜，一"青"二白。

它们是厨房里最不起眼的存在，

也是烹饪不可或缺的搭档。

也许诱人的美好总是伴生着细碎的尴尬，

这何尝不是我们寡淡人生的某种味觉隐喻？

07

问香
何处

在香料的国度之外，
还有广袤的处女地等待探索。
从自然造化中捕获芳香，
在熟知的风味里酝酿变化。
挑战感官经验的极限，
解锁未知的奇迹。
问香何处，我们不妨超越香料的边界，
开启一场鼻腔与口舌之间的风味奇遇。

壹|美国得州烤肉　让昨日栩栩如生

📍 **美国 得克萨斯州 泰勒市**

韦恩·穆勒打响了他狩猎的一枪。

"人人都爱得克萨斯，人们最想知道：你养马吗？你总是带着枪吗？得州人，有点儿与众不同。"韦恩的旁白让人瞬间回忆起美剧《犯罪心理》那些颇具哲理的独特片头。

得克萨斯就像一场永不落幕的狂欢。十月末，泰勒小镇被发动机的轰鸣淹没。这是古董车迷的欢聚。而味蕾恰好也需要一场派对。

烤肉店店主韦恩用最得州的方式开门迎客。"请进，你好，早上好！"韦恩站在店门口，和排队进入店中的顾客们逐一握手致意。得州有句俗语："像恶棍一样烧烤，像国王一样吃肉。"烤肉的诱惑，不仅来自食材，更来自它粗犷的香味。

北美白橡树，得州平原上最常见的树种。木材、牲畜，为烤肉提供了在地原料。韦恩每天的工作，是从橡木燃烧的气味中开始的。比他年纪都大的砖式烤炉，让热量和烟雾流动自如。

◎ 北美白橡树

美国人对烤肉的标准的认定，各执己见。得州中部偏爱牛前胸肉。这种肉质地坚韧、脂肪层肥厚，对任何烤肉师都是挑战。韦恩只用盐和胡椒进行简单的调味。放入炉膛内，真正的调香大师即将扭转乾坤。

干燥的硬木缓慢燃烧，而木质素正在剧烈分解。烤炉仿佛烟雾的宇宙。辛辣、浓郁而略带甜调的芳香颗粒，是肉眼不可见的调香料。它们渗入牛肉表皮，使烤肉获得了大地般厚重的烟熏风味。

每隔半小时韦恩都会回到炉前一次。他要让牛肉核心温度维持在 90℃ 上下，以便纤维软化，充分吸附烟气。这种重复的操作，需要持续 16 小时。"你多久做一次烤肉？"这种重复的操作颇费体力，前来体验的女性朋友一边操作一边问。"一周我要做两次。"换回韦恩来操作，他的动作就显得轻松多了。"你看上去可真轻松。"女士感叹不已。

和美国一样，得州烤肉的历史不算长，韦恩的手艺来自他的德国裔祖父。"我吃着感觉很不错！"韦恩得到了朋友的夸奖。"我觉得应该用这个词——超好吃！"在烤肉这件事上，韦恩一直非常自信。烤肉，今天已经是美国文化的一部分了。

戴草帽的白发老大爷自我介绍道："我叫杜丝·妥曼奈茨，是斯诺烤肉店的烤肉师。"品尝过杜丝制作的烤肉，食客们不禁赞叹道："很不错，太惊艳了！"

不同族裔的口味习惯拓展了烤肉的风味边界，但得州人就信奉最原始的烟熏味。韦恩的老店被烤肉迷奉为"烟雾大教堂"。经过长时间的等待，烤肉出炉了。韦恩的烤肉身披黑色烟熏铠甲，内心却充满反差——坚韧的牛肉已变得酥软，丰富的脂肪业已化开。焦香表皮下一抹粉嫩的烟熏圈，正是野性得州的烤肉美学。

"有三个话题在得州不能乱讲：政治，宗教，烤肉。每个人都有自己非常硬核的信仰。因为小时候，他们的父母或祖辈带他们吃过烤肉，这是他们成长的记忆。"韦恩说。

气味让昨日栩栩如生。木头与烟火，是家和庇护所的味道。人类的祖先，循着这缕香味，开启了在这颗星球上的寻香之旅。

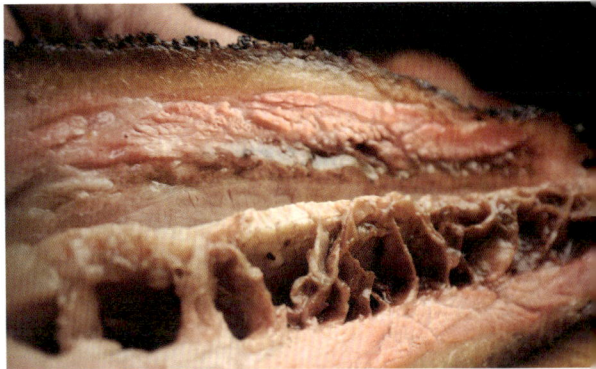

1	2
3	4
5	6

1 烤香肠　　2 烤牛前胸肉　　3 烤肋骨

4 烤肉三明治　　5 烤肉拼盘　　6 烤肉

贰 | 云南松毛烤鸭
天地间的浩瀚气味

📍 **云南 玉溪**

天地间最浩瀚的气味是什么？

森林每年向大气层释放无数气味分子，其中5000万吨被科学家称为蒎烯的香味化合物，主要来自松树等针叶树木。

在云南，农家用松针编成松毛结，作为燃料。从这不起眼的柴火堆里，有人把握住了松香味的潜能。就像得克萨斯人喜爱橡木，云南人认为，松针的清香更能衬托麻鸭的鲜美。

　　周国红把预处理过的麻鸭放入烤炉，他在等待一场松毛结带来的火焰之旅。火焰平息，但带着松仁儿、苔藓和柑橘味的余温还在回荡，不仅抚平了鸭肉的腥膻，更将森林的气息带上餐桌。

叁｜云南松花糕 山林邂逅田野

云南 保山 和顺镇

利用松枝熏香，在世界各地普遍存在。但对松的香味，中国人还有更多的想象力。每天清晨，李继伟都要到早市上，售卖当地的特色糕饼。"我卖松花糕，你卖这个。"老伴儿和他做好了分工。"我是'信号弱'。"一位大娘来买糕，李继伟耳背，跟她开玩笑说道。"你精神可好？"李继伟问道。"我马上要92岁了。"大妈说道。两口子一起夸大娘身体好。看到有游客走来，马上招呼道："来美女，看看松花糕。"

李继伟售卖的这种松花糕，主要的香味原料来自古镇外的松林。清明前后，松林里正上演着生命的狂欢。短短十几天，松树的球花次第绽放。数万颗花粉才相当于一粒芝麻的大小，一缕微风就能助它远游。收集花粉是个细致活儿，要过孔径只有75微米的细筛。每百斤松花，只能获得半斤左右的花粉。红豆沙浓郁绵密，要让它香而不腻，从沉闷里活泼跳跃起来。松花粉带有松木和鲜花的芳香，入口却有清凉的微苦，恰好衬托红豆沙的甘甜。方寸之间的奇妙相遇，犹如山林邂逅田野。

肆|伊春松塔 松香味的另一种登场

📍 黑龙江 伊春 丰林县

跨越 4500 公里，从中国的西南到东北，松香味正以另一种方式登场。

松塔成熟，寻味者前来造访。九月刚过，采塔人涌入提前划定的采摘区。作业队于一周前来到这里，宫科俭是他们的队长。

伊春，地处小兴安岭腹地。这里四季分明，降雨充沛，中国一半以上的红松在此生长。采塔人面对 30 米高的红松，需要的不仅仅是勇气，树的选择、攀爬的时机都要提前做好规划。

　　宫大哥脚上穿着特制的脚蹬，集全身的力气于脚尖和手掌。他选择了略带倾斜的树干，这样既节省体力，也是出于安全的考虑。真正的考验还在顶端。在红松顶部，轻微晃动都会让身体失去平衡。5 斤重的塔杆，精准勾住 10 米开外的松塔，对眼力和臂力都是考验 *。

　　红松的球果要经历两三年才能成熟。人们通过不同年份间隔采集，让松林得以休养。"捡吧捡吧大伙儿就去休息吃饭，吃完饭刹刹风（即风停的意思）再干。别着忙（急），稳当的。"宫大哥介绍说，"打松塔这件事，是我从小就开始干的。我记得那时候是冬天，那树特别硬。走道的时候，就听到这树林里的树冻得'嘎，嘎'的，像裂纹了似的。就那么冷的天，我走着走着就闭眼睛了——睡着了！当时电棒（即手电筒）还在我手里夹着呢，所以一下子就掉在了地下。然后，我忽悠一下就醒过来了，赶紧捡起来，然后再撵（即追赶）。那年头的有趣的事儿可太多了。"

---

* 　纪录片中如实记录传统劳作方式，非专业人员请勿模仿。

每年秋天，采塔人从全国各地而来，不到一个月的相处，从陌生到熟悉。松塔用重叠的鳞瓣包裹种子，在适宜条件下自动张开。每个被严密保护的松仁，都是一兜油。浓郁脂香中带着松林的清新，与坚果特有的甜香。

在中式烹饪里，我们经常会与松仁不期而遇。它有时是主料，但更多时候是为菜肴点缀、添香。不过有一道美食，算是以松仁为食材的美食代表作——松仁小肚。制作时，要反复摔打，使肉质纤维变得松弛，留出了风味介入肌理的空间。肉糜和"猪小肚"将松子双重包裹。加热让香味物质进一步完成交换。"小肚"熏染上焦糖色，松子星星点点，给家常的猪肉添上一抹远山密林的幽香。

在这香气背后，是采塔人背负着自己的故乡，像候鸟一样，为了生计，也为了那一缕香，四处奔波。从林海深处到街头闹市，寻香之旅跨越地域，也将打破人们对香料的固有认知。

1 松仁饼   2 雀巢松仁   3 松鼠鱼   4 松仁小肚

伍│广州桂花蝉　美味，需要突破心理防线

📍 **广东 广州 番禺区**

岭南人无所不吃，广州的"广"字更像是形容当地人的食物范围。

小店里，老板唐文伟喊道："二号，卤水桂花蝉，上菜！"

桂花蝉，又名大田鳖，常附着在水草上静伺猎物。它体内特有的香腺，能释放出类似香蕉、薄荷与桂花的奇香。驾驭千奇百怪的食材，不仅要找到不同的料理方式，也要建立与之相配的香料方法论。

唐文伟的香料方法论是在他的餐饮店里建立起来的。桂花蝉，正是阿伟调香的撒手锏。烹饪家禽，中国人有无数方法，阿伟拿手的是蒸。青头鸭斩块儿，葱姜盐码味，然后加入桂花蝉。高温下，鸭肉尽染奇香。这不过是用了两只桂花蝉的剂量，可谓是轻如蝉翼，却重如泰山。

如果不介意它的长相，桂花蝉单品能带来更大惊喜。唐文伟不仅是老板，更是新食客的入门老师。"剥下这个翼（翅膀），有很多人就喜欢这样吃。拿上来。"唐文伟说着演示起来，"我们只是吃那个味儿。"不管吮吸，还是拆肉细嚼，香味吸附指尖，隔日不散。"我就有点儿害怕。"一位游客看着他人食指大动，自己却

不敢下手。"来，来一个嘛！来嘛！"唐文伟把蝉递到食客面前，食客立马从椅子上跳起，吓得连连后退。"你可以试一下，你试一下这个味，来嘛。"抱持开放心态，美味才能突破心理防线，抵达舌尖。

其实广州不是特例，很多热带地区，都有食用桂花蝉的习惯。泰国人使用香料"手重"，怪咖小虫自然难以逃脱。原本是珠三角地区的乡间野味，厨师们穷尽想象，把它做成佳肴，送入厅堂。

一般认为，香料来自植物，认知壁垒一旦打破，我们会发现，它们无处不在。

◎ 大田鳖

1	2			
3	4	1 桂花蝉蒸鸭	2 桂花蝉酱	3 桂花蝉佐鱼
5	6	4 桂花蝉柚皮	5 桂花蝉吞沙	6 桂花蝉蚌扒

陆|日本鲣节　化身成露，极致绽放

📍 **日本 九州 鹿儿岛县**

日本的人饮食习惯和海洋密不可分。食材本身的鲜，是日本料理的追求。许多街头小吃，都会撒上一味灵魂点缀——这种花瓣般轻薄的调香料叫木鱼花，它就来自一种生活在海洋中的动物。

捕鱼船已经在海面上行驶了一天一夜，搜寻一种洄游性鱼类的踪迹。凌晨4点，利用诱饵和水花，制造出沙丁鱼扎堆翻腾的假象，引诱鱼群前来赴宴。每年春季，鲣鱼搭乘太平洋暖流，在土佐湾现身。

◎ 鲣鱼

　　利用特制鱼钩将鲣鱼甩到空中，10 秒内就能钓上一条。这是拥有近 100 年历史的传统技法——"一本钓"。春季的鲣鱼脂肪含量少，没有达到鲜食的理想状态，但日本人替它找到了更高明的用途。清晨 5 点，浜村昭仁就开始忙碌。一家有 80 多年历史的工坊里，五层高的烟熏房是鲣鱼变身的"初舞台"。

　　经过长达一个月的烟熏，鱼肉的水分被去除，充满烘焙和海风的气息，变身为"鲣节"。在日本，有 3% 的鲣节还会经历更高级别的"蜕变"。经过四次发酵，曲霉菌消耗掉鱼肉的腥味，生成 400 多种风味物质，醇厚如同陈年火腿和奶酪。这就是"本枯节"，是等级最高的鲣鱼制品。

　　早在 17 世纪末，鲣节已经在日本大量生产。100 多年前，这项技术传到了鹿儿岛。浜村家三代人都以此为业。母亲浜村依子，一辈子的热情都献给了鲣节。

1｜2　　1 曲霉菌生长（显微摄影）　　2 本枯节

薄如蝉翼的木鱼花，简单一做，便是家常美味。但它还有更极致的绽放。日本厨师前川明利用汤汁提取木鱼花的风味。时机只在短短一分钟内。木鱼花枯，化身成露。鲜味和香气，迈着细碎的步子，款款而来。

出汁，在日本料理中，就像中餐里的高汤一样，不可或缺。而鲣鱼，早已"功成身退"，不留痕迹。发酵和烹饪过程中的各种复杂反应，随时可能诞生全新的香味。香料，并非都是生而不同、天赋异禀。有时小小的魔法，也能撬动风味的天平。

1	2	3
4	5	6
7	8	9

1 木鱼花盖饭　　2 木鱼花豆腐　　3 木鱼花乌冬面

4 木鱼花出汁　　5 出汁涮涮锅　　6 茶碗蒸

7 黑猪肉杂煮　　8 木鱼花　　　　9 樱花

柒│宁波苔条
来自阳光和海风的味道陪伴

📍 浙江 宁波

　　宁波，街头糕饼店飘散着特殊的烘焙香气。本地的千层酥烤制前都要撒上一把绿色的粉末。同样的粉末也出现在其他小吃中。它来自一种海藻——浒苔。浒苔生长极快，但只有在初春前后才鲜嫩可食。

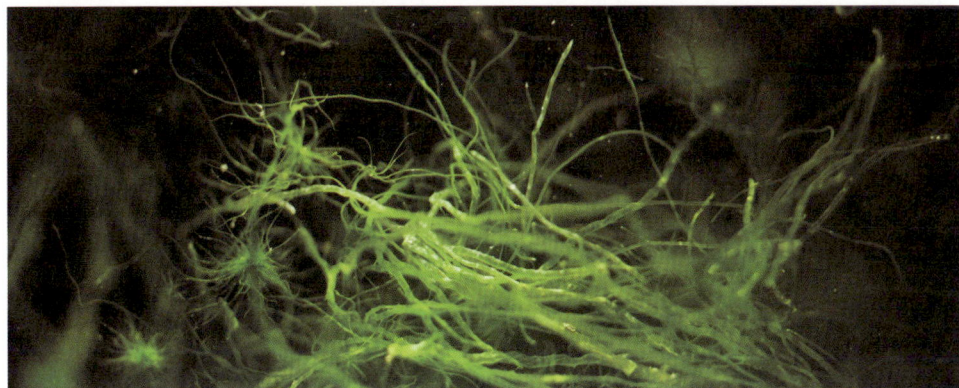

$\frac{1}{2}$
$\frac{}{3}$　　1 苔条千层饼　　2 苔条麻花　　3 浒苔

　　春节刚过，邱永高就赶着出海。咸淡水交汇处的滩涂，经常有浒苔出没。此时正在落潮，阿高要早点儿下水，抢占一个好位置。浅滩上那地毯一样的图案正是浒苔，它生长在潮间带，采收的时间只有几个小时。浒苔分布零散，想要满载而归需要挑战体力的极限。"回家喽！"阿高喊道，"哎，潮水涨了。准备回去了！"

　　浒苔，最好用海水清洗，才能保留住其本身的鲜。采收要赶在连续的晴天。借助阳光与海风，只需晾晒两天就能获得色泽乌绿、蓬松齐整的苔条。"阿东你采的苔条没有小赖头的好，小赖头的苔条长。"采摘的间隙，大家开起了玩笑："阿高，把你女儿嫁给我儿子。"邱永高问："我女儿找你儿子？让他们一起采苔条啊？""你女儿电话号码给我留一个，快点儿！"

　　海里的"青葱"经过干制，正式登上调香舞台。让微火轻烘，海苔的鲜香之外还生出焦糖、坚果等本不属于海洋的迷人香气——难怪宁波人为这种不显山不露水的海藻费尽心力。一道苔条拖黄鱼，也许最能表达宁波厨师对它的钟爱。油温触发了香气。浒苔与黄鱼，这两种当地人骄傲的物产，让海洋之味盎然于盘中。苔条兜兜转转，重回日常。随手撒上一把苔条粒，花生米也有了抖擞的鲜味。三个月的辛苦，换来一整年的味道陪伴。

捌 | 山东花生 vs 福建花生
一种香气两样释放

 山东 临沂 费县

什么是香料？没有标准答案。它既能在别人的主场充任配角，又能反客为主，主导菜肴的风味。

九月，李保山迎来收获。作为全国最大的花生产区，此时山东乡间正是一片秋熟景象。花生油脂含量极高，接近 50%，是当地最重要的油料作物。

花生进入中国不过五百年，却迅速影响了我们的饮食。李保山的食用方式，是先将花生仁打碎，制成细小颗粒。这叫花生糁。将其快速翻炒，香气释放。经高温裂解，油脂内部的组织变得松散，更容易渗出。借助杠杆的作用力，花生糁乖乖缴械，把油脂奉上。花生油气味浓郁，山东人用它烹饪炒鸡。猛火快炒，油脂渗入鸡肉内部，脂香浓郁。

同样离不开花生油的，还有广东人。广东人将花生油用作蘸料，搭配白切鸡，提味增香。

📍 福建 厦门

花生最早登陆中国是在福建。这里的人对它的钟爱，体现在花生酱上。花生酱既保留了坚果醇厚的自然香气，又增添了油脂的丝滑。闽南悠久的移民史和频繁的海外贸易，使花生酱不断变换烹饪方式。它常与各种食材搭配，以不变应万变。花生从一种淳朴的食材成功转型为绚丽的香料。如今，闽南人对花生酱的探索，已经跨界到了西式甜品的领域。颗粒进一步细化的花生酱混合奶油，咸甜交互，既保留了丝滑的质地，又多了来自泥土之下的醇香。

我们很难将花生归类，它可以是坚果，也可以是香料，甚至是食材本身。它身段柔软，在几种角色间来回转换，但这缕香气却让人为之痴迷。为了餐桌风味更加多样，人们寻香的脚步从未停歇。

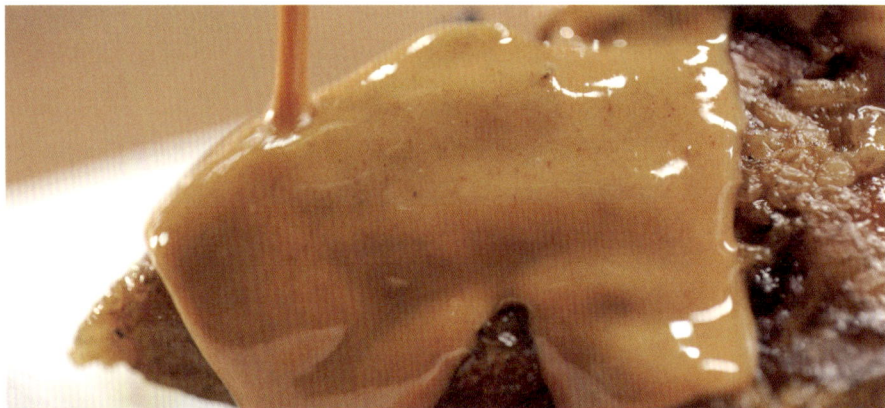

$\frac{1}{2}$　1 烧肉粽　2 沙茶小笼包

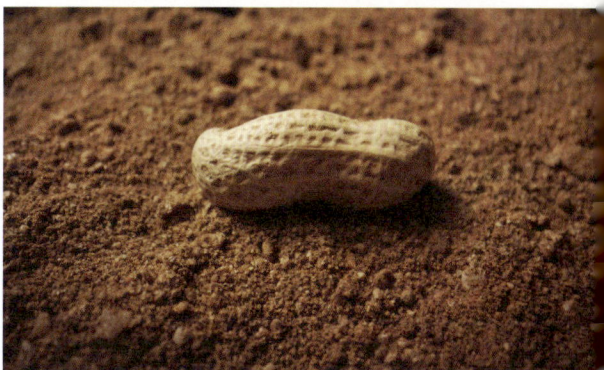

1	2
3	4
5	6

1 花生酱碱水粿　　2 泰式豆酱花生酱焗蟹　　3 潮汕沙茶酱炒大竹蛏

4 沙茶意面　　5 花生酱蛋糕　　6 花生

玖 | 留尼汪香草
等待一枝香草戴上桂冠

📍 **法国 留尼汪 圣菲利浦市**

"我先去找花了，一会儿见，好吗？"乔弗里·莱希尼格说着说着，人就跳下了车。然而，此时车子尚未熄火，他也没刹车。"好……"路易·莱希尼格刚应了一声，就发现车子变成了无人驾驶状态，马上气愤地说道："你太幼稚了！修车钱你付吗？最后还得我去修。"路易和乔弗里，每天都要进山照看一种娇贵的植物。

留尼汪，西印度洋上的火山岛，热带植物的天堂。200 年前，一种兰科攀缘植物从墨西哥来到这里。

香草，等来了一年中最重要的时刻。失去墨西哥蜜蜂授粉，人类成了它"新的蜜蜂"。花朵会在中午凋谢，爷俩儿要在这之前完成上千次授粉。乔弗里是路易最好的助手，当然他另一个

◎ 香草

身份是路易的儿子。乔弗里把细细的树枝插在了自己浓密的胡子里，路易问道："你是不是在玩？""哦，对对，我们在工作呢！"乔弗里赶紧投入了工作状态，正经操作起来。绿色果荚，是授粉 10 个月后的成果。它气味寡淡，但路易知道，这是一个玄机暗藏的魔术口袋。获取香气，留尼汪人有自己的方法：用热水烫漂，破坏果荚的细胞结构，当果荚的生命走向终点，香气却从此诞生。

⊙ 法国 留尼汪 富尔奈斯火山

在这座火山喷发形成的小岛上，毁灭与新生同时在香草的体内上演。烫漂后的果荚，香兰素、葡萄糖苷等化合物发生水解，产生挥发性香气。此后，要经过长达一年的晾晒、发汗、陈化，才能逐渐酝酿出世界上最复杂也是最著名的气味之一——香草味。

香草甜蜜、温暖，带着热带的激情，仿佛引人走进神话中那流淌着蜂蜜与牛奶的地方。奶油、花果、焦糖般的甜香，蕴藏在香草的籽粒和荚皮中。

老友朱利安·勒维努尔正在为路易准备生日蛋糕。在18世纪的法国，香草味几乎就是甜点的默认口味。然而，对待香草，留尼汪人的探索从未止步。66年的人生路，路易做着同一件事：等待给一枝香草戴上桂冠。

◎ 香兰素结晶（显微摄影）

◎ 结晶香草

　　风味物质香兰素化作结晶，沉淀出更加深邃的气味。香料世界，就是这样储满惊喜的宝匣。在欧洲，人均香草使用量法国最高，许多美味都少不了这位幕后推手。香草甜美的花果香气能激发海鲜的清甜，烟熏般深邃的后调配合朗姆酒，更能衬托浓汤的厚重。在龙虾这道菜上，法国人拥有最被娇惯的味蕾。幸好香气还能让口味路转峰回。

法式肥肝遇上香草，会产生白巧克力化开般的香气。香料的魅力，永远是这样未知的邂逅。"小心，菜来了。"今天是路易的生日，大家齐聚在小院里，一起唱着生日歌："祝你生日快乐……"一种香味，连接起路易和许多朋友的人生。

许多欧洲、非洲、亚洲的移民在这里开辟了种植园。这座小岛曾是全球最大的香草产地，铭刻着时代的印记。正如"留尼汪"的法语含义——"相聚"。世界，因为香料而相遇。

1　香草龙虾
2　香草火喷肥肝

结束店里的工作，韦恩和老友去牧场露营。

苔条花生米，陪伴邱永高又一次出海。

结束了打松塔的工作，宫大哥擦着工具："必须得天天晚上擦，我把它当成我的弟兄，每一天都跟我上战场。"

来年，宫大哥和弟兄们还会回到这片松林。

香料是生物的客观存在，
香气则是人类的主观感受，
它取决于我们的一念之间。

在日常的深处，
在未被定义的芳香宇宙，
千种香气，万般滋味，
人们对风味的探索，
必将是一趟永无止境的出行。

風味人間
ONCE UPON
A BITE

后记

带着好奇心，看色彩斑斓的世界

写这篇后记时，纪录片《风味人间5·香料传奇》全集刚刚播完。第一次拿到这个选题，是3年前。3年的时间，从一个题目到最初的分集脚本撰写，然后是全球拍摄、10个月的后期制作，最终呈现在观众面前的第五季《香料传奇》，可以说，是我纪录片生涯里耗时最长的，也是付出心血最多的一个项目，至今回忆起都感到五味杂陈。

如何讲述香料的故事

2022年初，在稻来的小会议室，一个四人小组成立，我和制片人张平，以及分集导演杨琛、范雯，开始了纪录片《风味人间》第五季内容的策划。策划涉及的内容很多，首先要处理的就是要怎么做、该怎么创新、是否要延续之前的模式。我们也想过完全突破，彻底改变，也参考了很多国外的纪录片和一些综艺的模式，但最终还是放弃了。"风味人间"的 IP（即知识产权）早已深入人心，如果彻底改得连外观都不剩，那还是"风味"吗？"老粉"能接受吗？因此，我们最终决定保留受欢迎的内容——李立宏老师的解说、系统化的知识、全球化的视野，然后更关注美食、关注生活，用新奇、陌生的内容去吸引观众。

接下来就是分集的设定。面对庞杂的香料世界，如何讲述其中的故事、国内国外的比例如何划分，仍是难题。经过半年的看书、讨论，以及分批撰写提纲：最终确定了现在的七集大纲——小粒英雄、辣椒崛起、花叶奇缘、秘香寻踪、果味迷宫、葱蒜之交、问香何处。鉴于很多香料大多数人并不熟悉，我们采取了不增加理解难度、从类别上简单分集，遵从由浅入深、由熟悉到陌生的逻辑，使每一集之间又有足够的"陌生感"，看到片名就知道在讲什么。

策划小组里的范雯是北大中文系的博士，也是我们团队的"学霸"。这一季里，七个分集的片名大多是她想的，之前在《风味人间》第二季的时候，她给我做过一段时间的调研员，这次也承担了《问香何处》这一集的分集导演工作。这一集也是最有挑战性的一集。

当年八月，《风味人间5·香料传奇》开始建组、培训、细化分集

结构。当时我们每周需要开一次例会，那时候开会变成了一件难事，因为特殊原因国外也去不了，但我们依然选择了一半的国外选题，真不知道该怎么办。而等到 2023 年初，开始大规模拍摄的时候，稻来传媒已经搬到了新址，出国也逐渐方便了。

走出国门，寻香世界

这季《风味人间》的选题有一半都是国外的，可以说是出品这几季以来"国际化浓度"最高的。其中是有客观因素存在的，比如很多香料并不原产于中国，而且国内的香料也被我们拍过太多次，而国外尚有许多陌生、奇特的香料。其中我印象最深的，是希腊的一座岛屿上出产的树脂——熏陆香。不过，要去这座岛屿需要坐船。我们拍摄出发前，分集导演张昀告诉我，会乘坐游轮，夜里顺便游览美丽的爱琴海。等到了才发现，我们要乘坐的是一艘客货两用船，而且我们买的还是站票，我和摄影师王垚在甲板上待了一宿，不过吹吹爱琴海的海风也很不错。正片里那个和轮船一样大小的血色圆月，就是我们在甲板上拍的。

来到岛上，迎接我们的是有着希腊雕塑一样面孔的主人公。他喜欢光着膀子穿梭在小巷里，而且开车非常剽悍。早期，整个岛屿都靠熏陆香生活，24 个村子都种植它。岛上的食物非常简单，我们第一顿吃的就是一种蔬菜饭团：将西红柿（使用茄子或辣椒也可以）的顶部切去，内部掏空，放入米饭烤制而成。但说实话，我们吃起来口感不佳。在国外拍摄，最麻烦的就是吃饭，尤其是在偏远地区，食物都非常原始。即便是在现代化的都市，也会出现食物上的乡愁。在美国拍摄烤肉时，我经常会有胃酸的症状。当时我喝了两瓶粉红色的液体，是美国超市里都有售卖的一种胃药，但它有一股洗衣粉的味道，直到离开美国，我胃酸的症状都还没有缓解。

国外拍摄还有一个难题，就是转机。很多目的地需要转机两次甚至三次才能到达。一个航班出现延误，就直接导致后面的行程泡汤。而在国外，航班出状况是常有的事。我就遇到了 3 次航班无故取消，甚至一周有 6 天都在飞机上度过的情况。

每个作品的背后，都是事无巨细的辛劳

整个 2024 年我都没有拍摄，每次制作《风味人间》最困难的就是后期制作需要不断地打磨。我在酒店住了 7 个月。这期间，每一集的剪辑、解说词、调色、音编都需要我和制片人张平给出反馈。我们两个人每一集片子都看过上百遍。尤其是解说词，花的精力最多，陈老师带着我们事无巨细地调整每一段文字和画面的契合，在哪个音乐点进入等等，直到配音的最后一刻，他都在不断地修改。

后期阶段每天最大的乐趣就是吃饭。除了中午有可能吃到陈老师下厨的"小饭桌"，剩下的一律是外卖。往往在会议室一坐，就到饭点了。有时候我都有些恍惚，开始怀念拍摄的日子，怀念爱琴海的那些夜晚，怀念迪拜机场的胶囊旅馆，怀念那些并不美味的陌生食物。

也许，我是怀念那个色彩斑斓的世界了。

《风味人间 5·香料传奇》总导演　刘殊同

风味人间
ONCE UPON
A BITE
第五季
香料传奇

主创人员名单

出品人	孙忠怀		
总制片人	韩志杰		
总策划	马延琨		
商业总策划	王 伟	王 莹	
总编审	黄 杰		
监制	朱乐贤		
商业总监	詹 夏		
市场总监	罗雪萍		
运营总监	李 杨		
总顾问	沈宏非	陈 立	
首席科学顾问	云无心		
制片人	张 平	徐少佩	宋晓晓
解 说	李立宏		
作 曲	阿 鲲		
总摄影	王 垚		
声音设计	凌 青		
总导演	刘殊同	陈晓卿	

美食顾问【按首字母排序】

边 疆　蔡 昊　蔡名雄　陈汉宗　陈万庆
陈 妍　大 董　扶 霞　冯恩援　冯淑华
傅拥军　高文麒　敢于胡乱　海鲜大叔
侯德成　华永根　霍 爷　廖云飞　林 珂
林少蓬　林卫辉　林文郁　林玉裳　罗 朗
洛 扬　欧阳应霁　彭树挺　秦 川
任大猛　石光华　司马青衫　王旭东
汪智杰　魏水华　翁拥军　西 哥　夏燕平
小 宽　徐 龙　闫 涛　颜 靖　叶 放
曾清华　张 勇　张新民　张禹珊　周晓燕
周 义　周元昌　朱 江

学术顾问

俞为洁　潘英俊　曹 雨　王海平　孔素萍
高丽敏　杨庭硕　潘永荣　田维扬

科学顾问

史 军　顾有容　倪元颖　袁永翠　甘芝霖
于 明　王 灿　杨建峰　赵青云　史 军
周卓诚　庄 娜　玉 子　瘦 驼　汪 勇
Thomas Miedaner（托马斯·米达奈尔）
Heidi Heuberger（海迪·霍伊贝格尔）
Friedrich Longin（弗里德里克·隆金）
Bernd Kütscher（贝恩德·库切尔）

导演组

郭 安　杨 超　傅娴婧　张 昀　郭瀚洋
郭 柳　杨 琛　范 雯　王树欢　张棚珲
丁 正　王紫懿

摄影

郑 毅　王 垚　赵礼威　林千厦　马 研
穆 穆　王永明　段淇予　张晋文　刘 鹏
刘金梁　Bántó Csaba（班托·乔鲍）

Lionel Ghighi（莱昂内尔·吉吉）
Serge Gélabert（·热拉贝尔）

调研员

薛文晶　张瑾瑜　马肖扬　李佩锦　何紫旋
梁　勤　王紫懿　邓　喆　栾晓芸　高　洁
蔡文琪

剪辑

单晨童　杨锦怡　张文杰　王　鹏　伍英凯
刘西宁　高　焓

灯光

刘　猛　胡趁意　孙春尧　孙　洋　孙高昂
王铭晨　孙春尧　史忠保　刘华伟　孙鹏洋

录音

王铭晨　刘　猛　徐茜茜　刘明才　耿云龙
轩福第　郭　军

植物摄影

徐腾飞　崔煜文　贾昊　杨　威　温仕良
胡礼贵

特殊摄影

李雨森　于鹏蛟

微观摄影

朱文婷　边江　汪　晖　张　超　周晴烽

海外调研员

史立新　张　戈　史　可　赵　瑛　张　岳
洪铭思　王帅帅　洪　妮　张　岳　崔　霄
陈顺利

国际制片

袁　越　周钰芳　尹鼎为　张　岳　田欣颖
王　蕾　刘　洁　于　寒　胡阮琼莲

肖　科　唐圆方　薛　雯　高　奕　海　霞
李　朦　彭昊渊　马雪婷　Alfredo Leon
（阿尔弗雷多·莱昂）　Roland（罗兰）
Tahere Shabanian（塔希尔·沙巴尼）
Panagiotou Vagge（帕纳伊奥塔·瓦杰）
Semra Kaya（泽姆劳·加悦）　Mikael
Lennart Eriksson（米卡埃尔·伦纳特·埃
里克松）　Jojo Mario（约约·马里奥）
Muhammad Raza（穆罕默德·拉扎）
Muhammad Manzur（穆罕默德·曼苏尔）

航拍/跟焦

雷　俊　陈　钊　Lotfi Fard（卢特菲·法尔德）
贾艳阳

翻译

Zhang Hetti（张·赫蒂）　Sissy Cui（茜茜·崔）
Shahrzad Irajirad（沙赫扎德·伊拉贾德）
Farnoosh Samie Ghahfarokhi（法诺什·
萨米·加法罗基）

策划

范　雯　杨　琛　刘　硕　费佑明

制片主任

李　慷　王紫懿

财务主管

霍　岩

财务

周　巍　张　瑞

宣介主管

何是非

播出主管
丁　木

总导演助理
梁慧琳　贺芷涵

后期主管
李　浩

责编合成
柳博青　朱彦霖

商务执行
高轶成　王　瑞

IP 开发统筹
郭　赫

宣传推广
吴　迪　易博文　杜亚峰
梅姗姗　斯小乐
崔馨月　陈家怡

调色主管
段淇予

剧务
邵晨琛　王　岩　郭小玲

运营统筹
王　波

运营评估
左玲军

运营 PM
李　想　苏文杰

商业统筹
火日京　陈　靖

商业制片人
陈　潇　任晓梅

IP 视觉统筹
赵云飞　祁　昕
IP 授权商业化拓展
裴　为　孟祥云　王周玉瑶

IP 衍生开发
吴凯宁　何晓东　杨　洁

IP 线下支持
坎　博

市场统筹
马　洁

市场推广
杨周霖

国际发行
王　爽　肖婉晴

国内发行
孙　卓　严思琦

技术总监
于　洋

技术制作
刘　伟　王　叶

法务支持
杨　阳　陈　中

财务支持
潘　鲲　于晓蒙　陈　潮

税务支持
孙涌涛　陈　莹

维权支持
刁云芸　李　丹　谭乃文
刘　炜　杨哲能　黄雪晴
赵翎飞　陈立秋　常　轩
刘　静　李紫琦

音乐指导
阿　鲲

音乐制作
阿　鲲　Emanuele Frusi
（埃马努埃莱·弗鲁西）
胡波涛

音乐协调
郭家丞　李雨泽

声音总监
凌　青
音效监制
史晗相

音编制作
凌 青 陈 硕

CG 视效总监
王浩龙

数字绘景
曾 盟

音效制作 / 录音
史晗相 李富康 张 杨
赵 宇 王子威 苗 寅
辛胜男 傅思维 刘英杰
张金栋 龙 岚

视效制片
董 鹏 谢 韵

模型
章青昊 汤 洋

灯光
杜 飞 刘 俊 吴美龄

合成
张鹏达 夏尚磊 叶婷婷

声音制片 / 统筹 / 宣传
肖 彤 杨晨曦 金 靖

Layout
姜伟诚 祁 薇

调色师
胡旭阳

视效导演
刘殊同

特效
侯佳嘉 郑小磊

高级制片
姚兆珊

制片助理
李琪萱

调色助理
郑斯允

数据管理及母板制作
马昊龙　邓　琨　李思杰
罗才龙　范嘉伟

包装视效设计
凌　涛

包装视效指导
安显赫　杨　凯

包装视效统筹
张昕怡

包装视效制作
李炳锐

超高速拍摄

摄影师
王　垚

跟焦
杜鸿斌

摄影助理
刘　猛　王铭晨　孙春尧

灯光师
马建勇

灯光助理
李新建　张利伟　张斌豪
马卫兵　张跃伟

机械臂技术
刘丁源　袁　野

机械臂助理
张　重　孙志鹏

道具师
周成滨　阚明利

高速机
王　悦　金　煜

现场制片
刘露露

杜比视界 /
菁彩 HDR 版本制作
腾讯云彩工作室

调色师
王晨亮

DI 流程管理
于皓瀚

前期设备提供
中视晨阳

商务包装
周　涛　黄　格　周后生
卜天星

海报设计
竹也文化

片头片花
刘西宁　王　溦　陈小双
易博文　杜亚峰